GEHEIMNISSE
DER ZAHLEN

GEHEIMNISSE DER ZAHLEN

MATHEMATISCHE KURIOSITÄTEN

Joaquín Navarro

Librero

Die Originalausgabe erschien 2010 unter dem Titel: *La vida secreta de los números*

Postbus 72, 5330 AB Kerkdriel, Niederlande

Bildnachweis Innenseiten: Age fotostock 89; Aisa 60; Album 41; Album akg 62, 103, 113; RBA Archives 15, 19, 26, 30, 50, 51, 56, 76, 87, 95, 97, 99, 106, 109, 127, 129, 135, 136, 137; Peter Badge 41; British Government Art Collection 67; Computer History Museum, California 80; Corbis 86; Deneb 64; Dornac 72; Evening Standard 28; Florence Nightingale Museum 68; Conrad Fehr 106; Henry B. Goodwin 113; Institute of Advanced Studies, Princeton 121, 123; National Portrait Gallery 47; National Maritime Museum, London 118; Joaquín Navarro 131; Eadweard Muybridge 54 oben; John Oprea, State University 54 unten; PHGCOM 126; Schorle 53 oben; John Tenniel 109; The Times 69; University of Bristol 117; The Walters Art Museum 92.

Bildnachweis Umschlag:
Formeln © iStockphoto.com/Suljo
mathematische Figuren © iStockphoto.com/mustafahacalaki
Zahlenschloss © iStockphoto.com/D3Damon

Produktion der deutschsprachigen Ausgabe:
Tanja Timmerman vertaling & redactie
Übersetzung: Judith Muhr
Satz: Indruk Grafisch Ontwerp

Printed in Slovenia

ISBN: 978-94-6359-297-0

Inhalt

Vorwort ... 9

Kapitel 1. Zahlen ... 11
Eine großartige Erfindung ... 11
Der Preis der Wahrheit ... 11
Die heiligen Evangelien, Fische und die Zahl 153 ... 13
Händler vor Mathematikern ... 15
Die Buchstaben sind ausgegangen ... 16
Leibniz und der Kaiser von China ... 16
Wunderkind ... 17
Fermat und Kummer ... 18
1 + 1 = 2 und andere grundlegende Gleichheiten ... 20
Kleine Fehler ... 22
Eine erstaunliche Berechnung ... 23
Eine sehr große Zahl ... 24
Die Sage von 1729 ... 25
Hardy, Gott und die Riemann-Hypothese ... 26
Null und nichts ... 28
Ein ungewöhnliches Genie ... 29
Ein bisschen Unterstützung von Erdös ... 30
Die Zahlen des Mr. Smith ... 31
Die Fliege ... 32
Der Raum von Fermat ... 33

Kapitel 2. Formen ... 35
Zykloide statt Schafe ... 35
Das unglaubliche Polynom ... 36
Ein wahrer Gentleman ... 38
Der Satz von Napoleon ... 39
Auf Safari ... 40
Ein wunderbar chaotischer Geist ... 41
Tagsüber Hausfrau, nachts Geometer ... 42
Das seltsame Genie, das kein Genie mehr sein wollte ... 43

Tony Blair und das Rhinozeros 43
Eine Flasche ohne Außen- oder Innenseite 44

Kapitel 3. Differential- und Integralrechnung 47
Vermutungen, Sätze und Newton 48
Wer bestellt, zahlt 49
Der geltungssüchtige Graf 50
Das Integral des Müllers 52
Flächen aus Seifenwasser 53
Die Entdeckung Neptuns 55
Gesunder Menschenverstand und die Mathematik 56
Die Bedeutung des Namens Taylor 57
Ein einfacher Pole, Sir 58

Kapitel 4. Alles 59
Die Nasen von Tycho 59
Galileische Kryptographie 61
Ein polyhedraler Raum 62
Kaufmann und Statistiker 63
Der unglückliche Astronom 63
Statistiken lügen nicht 65
Die programmierende Gräfin 66
Florence Nightingale und die Statistik 67
Statistik und Genozid 68
Tennyson und Babbage 70
Der unehrliche Banker 72
Die Vögel eines Quaternions scharen sich zusammen 74
Das unnütze Theorem 76
Die Regeln der Etikette müssen eingehalten werden 77
Logik, die ihre Logik hat 78
Teuflisch schwierige Hausaufgaben 78
Alles endet mit „AC“ 79
Der Satz, der zweimal bewiesen wurde 80
Kombinationen mit Wiederholung 81
Flatternde Schmetterlinge 82
Das Beste ist der Feind des Guten 84

Ein bemerkenswerter Titel 85
Ein Spiel, das mehr als ein Spiel ist 85

Kapitel 5. Mathematiker aus der fernen Vergangenheit 89
Der erste Spekulant 89
Kampf dem Betrug 90
Eine neue Identität 91
Der Laird of Merchiston 92
Mathematiker sind verrückt 94
Wissenschaftliche Frühreife 94
Zu Ehren des menschlichen Geistes 95
Ein berühmter Mathematiker 96
Euler und Diderot 96
Don Giovanni, der Mathematiker 98
Der mathematische Minister 99
Auf der Suche nach der verlorenen Formel 100
Der Prinz der Mathematik 100
Der gute Mitarbeiter 101
Ein Mathematiker in West Point 102
Mathematisch, aber naiv 105
Ein irreführender Titel 104
Der Schwertkampf-Rektor 105
Lassen Sie sie nicht den Hut abnehmen, ohne ihn ist sie sehr gefährlich 107

Kapitel 6. Mathematiker aus der jüngsten Vergangenheit 109
Ein seltsamer Diakon 109
Exzellenz und ihre Skala 110
Es war nicht Mittag-Lefflers Fehler 112
Von der Frau verbannt 113
Hilberts makabrer Enthusiasmus 114
Einfach und schwierig 115
Eine Frage der Parität 116
Der Dritte in der Gruppe 117
Der Mathematiker, den es nie gab 118
Ein Computer und der Kalte Krieg 120
Ein Alien in den USA 120

Norbert Wiener 122
Eine unlogische Aussage 122
Ein spezielles Vokabular 124
Ein perfekter Trick 124
Dem *Da Vinci Code* ist nicht zu trauen 124
Ein Genie in Aktion 127
Dumm, aber nicht ganz dumm 128
Mehr als gewollt 128
Der Verdienst von Jacques Tits 129
Ich werde alt 130

Kapitel 7. Mathematischer Schwanengesang 133
Die Glocken klingen nach Tod 133
Horoskope und Vorhersagen 137
Gleichzeitige Entdeckungen 139
Das Offensichtliche, was nicht so offensichtlich ist 141
Die Ig-Nobelpreise 142
Mathematiker gehören ins Gefängnis 144
Ein Problem, das eine Gans wert ist 146

Literaturverzeichnis 148
Register 149

Vorwort

„Mathematik ist die Musik des Verstands.“
James Joseph Sylvester

Es gibt die verschiedensten Sammlungen mathematischer Anekdoten in allen nur erdenkbaren Sprachen. Dieses Buch verfolgt einen anderen Ansatz. Es enthält weniger bekannte Geschichten, die jedoch in Bezug auf die Mathematik mindestens genauso interessant sind. Viele Leser finden mathematische Anekdoten nicht besonders amüsant. Und viele Mathematiker haben eher sehr ernste Dinge gesagt (und getan), von denen hier auch berichtet werden soll. Und tatsächlich sind einige mathematische Geschichten überhaupt nicht lustig. Im letzten Jahrhundert zwangen die nationalsozialistischen und kommunistischen Regimes und andere totalitäre Ideologien die Mathematiker, unter Bedingungen zu leben, die kaum erträglich waren, und auch die dabei entstandenen Geschichten sind nicht immer erbaulich. Andere Mathematiker führten ein Leben voller Kuriositäten, haben aber nie wissentlich einen Witz erzählt. Und es gibt Logiker, die Witze schlichtweg für nichts anderes als Sprachunfälle halten.

Es gibt unsterbliche Geschichten: Beispielsweise erzählt man, das Computergenie Turing habe Selbstmord begangen, indem er in einer tragischen Nachahmung des Schicksals von Schneewittchen in einen vergifteten Apfel biss. Das ist sehr bewegend, nicht im Geringsten komisch – aber auch nicht bewiesen. Ebenfalls nicht lustig ist der tragische Krebstod von Ada Lovelace, deren Mutter ihr Morphium versteckte, damit der Schmerz ihr ermöglichen sollte, ihre Sünden besser zu sühnen. Neben diesen beiden Anekdoten erscheint G.H. Hardys amüsanter Kampf mit Gott, dem stürmischen Meer und der Riemannschen Hypothese eher unbedeutend. Einige Mathematiker verhalten sich wie ernsthafte Menschen, andere eben nicht.

Dieses Buch erzählt die Geschichten chronologisch, d. h. sie werden in der Reihenfolge erzählt, in der sie passiert sind: zuerst die ältesten, dann die neuesten. Und um das Ganze besser zu organisieren, ist jedes Kapitel einem bestimmten Thema gewidmet. Das erste Kapitel zum Beispiel erzählt Geschichten, die sich auf das grundlegendste Element der Mathematik beziehen, die Zahlen. Im zweiten Kapitel geht es um Geometrie, im dritten um die Infinitesimalrechnung. Das vierte Kapitel enthält eine Sammlung bekannter Kuriositäten, die sich auf die verschiedensten mathematischen Disziplinen und Theorien außerhalb dieser Bereiche bis zum 20. Jahrhundert beziehen. Nachdem alle diese spezifischen Themen behandelt wurden, erzählen das fünfte und das sechste Kapitel von Mathematikern und ihren Besonderheiten. Das letzte Kapitel, das große Finale, beinhaltet schwer zu kategorisierende Dinge, wie z. B. Horoskope, an denen zahlreiche Persönlichkeiten aus allen Epochen und mit den unterschiedlichsten Hintergründen beteiligt waren.

Mathematik ist eine Wissenschaft. Um es mit den Worten des Historikers E.T. Bell zu sagen, vielleicht sogar die „Königin der Wissenschaften". Ihre Anhänger sind bisweilen seltsame Menschen und ihre Kultur ist etwas verworren. Sie erfordert eine gewisse Klarheit und Tiefe des Denkens. Schließlich ist nicht jeder ein Mathematiker. Wäre dies der Fall, wäre die Welt womöglich ein sehr langweiliger Ort. Dieses Buch versucht sich in einem anderen Ansatz als die übliche Geschichte der Mathematik, weniger rigoros und wissenschaftlich, kurz gesagt, wir werfen einen Blick auf ihre verborgene Seite.

Kapitel 1

Zahlen

„Albert! Hör endlich auf, Gott zu sagen, was er tun soll!“

Niels Bohr zu Albert Einstein

Am Anfang waren Zahlen und Formen. Der Versuch, sie zu beherrschen, ist der Beginn der Wissenschaft, das Verständnis für alles, was uns umgibt. Während dieses nie enden wollenden Prozesses sind amüsante, faszinierende und aufschlussreiche anekdotische Ereignisse passiert. Hier sollen nicht alle Geschichten und auch nicht nur die bekanntesten erzählt werden. Vielmehr soll die menschliche Seite einer Wissenschaft aufgezeigt werden, der Mathematik, die allzu oft in nahezu göttliche Sphären gerückt wird.

Eine großartige Erfindung

Palamedes ist eine Figur aus der griechischen Mythologie, die mit Agamemnon und Odysseus in Verbindung gebracht wird, den Helden des Trojanischen Krieges. Wir beginnen mit ihm, weil Platon ihn erwähnt, mit einem gewissen Hohn mathematischen Ursprungs. Palamedes ist der Legende nach der vermeintliche Erfinder von Maßen und Gewichten und von ihrem konzeptuellen Ausdruck, der Zahl. Palamedes erfand die Zahl – eine monumentale Leistung. Platon jedoch verspottete ihn dafür: „Womöglich wusste Agamemnon überhaupt nicht, wie groß er war, bevor er mit Palamedes gesprochen hat?“ Der respektlose Platon war ebenso gottlos wie sein Meister Sokrates, der wegen seines Atheismus zum Tode verurteilt wurde.

Der Preis der Wahrheit

Wenn eine Größe a mit einer Maßeinheit b gemessen wurde, sagten die alten Griechen, der Bruch a/b sei das Maß von a. Das entspricht der Aussage, dass alles, was messbar ist, ein Bruchmaß hat oder, modern ausgedrückt, dass alle Messungen einer rationalen Zahl entsprechen und umgekehrt. Wenn zum Beispiel eine Linie (in unserer heutigen Ausdrucksweise) 70 cm lang war und das Lineal 20 cm, war der Bruch $70/20 = 7/2$ für die Griechen das Maß für a mit b. Das war der vorherrschende und unerschütterliche Glaube der Pythagoräischen Schule und ihrer Mitglieder. Von allen? Nein, es gab ein schwarzes Schaf: Hippasos von Metapont (5. Jahrhundert v. Chr.) entdeckte, dass eine Messung unmöglich war, wenn er versuchte, die Diagonale eines Quadrats mit gleichen Seiten zu messen. Nicht nur schwierig, sondern unmöglich.

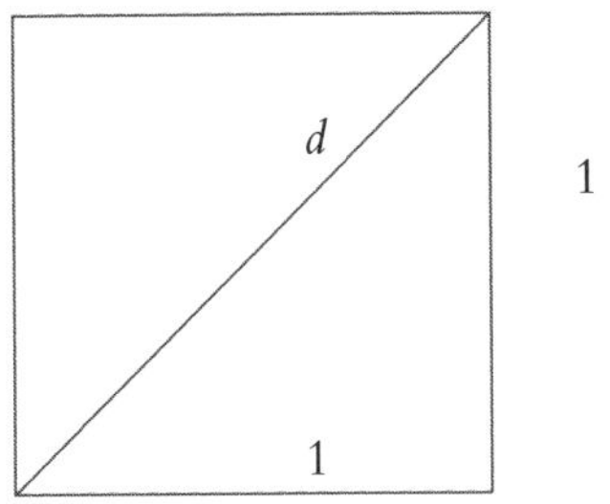

Irrationale Diagonale eines Quadrats.

Wenn $d = a / b$, ist offensichtlich, dass a und b teilerfremde Zahlen sein können. Wir müssen nur den Bruch a/b kürzen. Wir verwenden das Einheitsquadrat, um ihn auf seinen einfachsten Ausdruck zu reduzieren. Der Satz von Pythagoras besagt $d^2 = 1^2 + 1^2 = 1 + 1 = 2$; das heißt $(a/b)^2 = 2$ oder, wenn Ihnen das besser gefällt, $a^2 = 2b^2$.

Sehen wir uns a an: Wenn es gerade ist, muss b ungerade sein, weil wir angenommen haben, dass a und b teilerfremd sind. Weil $a = 2p$ ist, ergibt sich aus der Gleichung $(2p)^2 = 4p^2 = 2b^2$; folglich ist $2p^2 = b^2$, woraus man schließen kann, dass b^2 und damit b gerade sein müssen. Das ist unmöglich, denn wir haben bereits gesehen, dass b ungerade ist.

Nehmen wir also an, dass a ungerade ist. Aber dann ist a^2 auch ungerade. Aber $a^2 = 2b^2$, d. h. a^2 ist gerade, was unserer Annahme deutlich widerspricht. Etwas Undenkliches war bewiesen worden, und Hippasos, ein Pythagoräer, Mitglied des Geheimbundes, hatte es bewiesen. Und wie wir alle wissen, wird der Überbringer schlechter Botschaften geköpft.

Iamblichus von Chalkis erklärte acht Jahrhunderte später, die Pythagoräer hätten dem Propheten der irrationalen Zahlen ein Grabmal gebaut, zweifellos ein schlechtes Zeichen. Tatsächlich gibt es mehrere Versionen von Hippasos' Schicksal. Die am wenigsten brutale Version erwähnt Hippasos nicht einmal und erzählt nur, die Pythagoräer hätten in ihrem Erstaunen über diese Irrationalität 100 Ochsen geopfert. Da die Pythagoräer Vegetarier waren, scheint dieses Opfer zwar möglich, aber wenig glaubhaft. Eine andere Variante besagt, dass Hippasos aus dem pythagoräischen Geheimbund ausgeschlossen wurde. Die blutige Variante beschreibt, dass er hingerichtet wurde, indem man ihn aus einem Boot warf. Was auch immer geschah, die Pythagoräer hielten hartnäckig an ihrem Glauben fest. Erst Eudoxus von Knidos und seine faktische Einführung der reellen Zahlen lösten das Rätsel der Irrationalität.

Die heiligen Evangelien, Fische und die Zahl 153

Eine der ältesten Erwähnungen von Zahlen in der westlichen Geschichte findet sich im Johannesevangelium, 21, wo er von der außergewöhnlichen Leistung von Simon Petrus spricht, dem Fischer, der im See von Galiläa in seinem Netz 153 Fische gefangen hat – die Kirche behauptet natürlich, es sei ein Wunder Jesu Christi gewesen.

Die Zahl 153 sollte jedoch noch weitere Auswirkungen haben. Das erste, was wir erkennen, ist, dass es sich um eine Dreieckszahl handelt. Zählen Sie die Sterne – es sind in der Tat 153:

★ ★ ★ ★ ★ ★ ★ ★ ★ ★ ★ ★ ★ ★ ★ ★ ★

★ ★ ★ ★ ★ ★ ★ ★ ★ ★ ★ ★ ★ ★ ★ ★

★ ★ ★ ★ ★ ★ ★ ★ ★ ★ ★ ★ ★ ★ ★

★ ★ ★ ★ ★ ★ ★ ★ ★ ★ ★ ★ ★ ★

★ ★ ★ ★ ★ ★ ★ ★ ★ ★ ★ ★ ★

★ ★ ★ ★ ★ ★ ★ ★ ★ ★ ★ ★

★ ★ ★ ★ ★ ★ ★ ★ ★ ★ ★

★ ★ ★ ★ ★ ★ ★ ★ ★ ★

★ ★ ★ ★ ★ ★ ★ ★ ★

★ ★ ★ ★ ★ ★ ★ ★

★ ★ ★ ★ ★ ★ ★

★ ★ ★ ★ ★ ★

★ ★ ★ ★ ★

★ ★ ★ ★

★ ★ ★

★ ★

★

Obwohl 153 eine Dreieckszahl ist, ist das natürlich nicht Grund genug, dass sie in den Evangelien erscheint. Es muss schon ein bisschen mehr sein.

Betrachten wir Folgendes:

$$1! = 1$$
$$2! = 2 \times 1 = 2$$
$$3! = 3 \times 2 \times 1 = 6$$
$$4! = 4 \times 3 \times 2 \times 1 = 24$$
$$5! = 5 \times 4 \times 3 \times 2 \times 1 = 120$$

Wir erkennen, dass $1! + 2! + 3! + 4! + 5! = 1 + 2 + 6 + 24 + 120 = 153$, wie in der nachfolgenden Abbildung gezeigt:

Dies ist ein Schritt in die richtige Richtung, aber es gibt bestimmt noch Ungläubige, die der Meinung sind, dies sei kein Grund für eine göttliche mathematische

Anekdote. Forschen wir weiter: Aufgrund der Dreifaltigkeit des Herrn betrachten wir alle Vielfachen von 3, z. B. 1728 (es geht aber mit jedem Vielfachen von 3), erheben die Ziffern in die 3. Potenz und addieren sie, das Ganze wird entsprechend wiederholt:

$$1^3 + 7^3 + 2^3 + 8^3 = 864$$
$$8^3 + 6^3 + 4^3 = 792$$
$$7^3 + 9^3 + 2^3 = 1\,080$$
$$1^3 + 0^3 + 8^3 + 0^3 = 513$$
$$5^3 + 1^3 + 3^3 = 153.$$

Und da haben wir es: Die Reihen enden immer mit 153. Probieren Sie es selbst mit einem beliebigen anderen Vielfachen von 3 aus. Wunder oder Mathematik?

Händler vor Mathematikern

Dies war in der Renaissance sicherlich der Fall. 1456 wurde der Buchdruck erfunden und die Bücher begannen, um die Welt zu reisen. Der Wind des Fortschritts zog in viele Köpfe ein. Allerdings anders als erwartet. Zum Beispiel war das erste gedruckte Mathematikbuch der Geschichte nicht etwa Euklids *Elemente* (zum Teil auch aufgrund der schwierigen Übersetzung und seines beträchtlichen Umfangs), das das gesamte mathematische Wissen der Alten Welt in sich birgt. Vielmehr handelte es sich bei dem ersten gedruckten Mathematikbuch um die *Treviso-Arithmetik*, oder *L'arte de l'abbacho*, um den ursprünglichen Titel zu nennen, eine grundlegende akademische Abhandlung, die nur die vier Grundrechenarten erklärte und praktische Übungen zu proportionalen Verteilungen vorschlug. Es wurde 1478 veröffentlicht und verwendete indo-arabische Ziffern. Die Kaufleute, die sich für diese Art von Büchern interessierten, setzten sich gegen die Gelehrten und Denker durch.

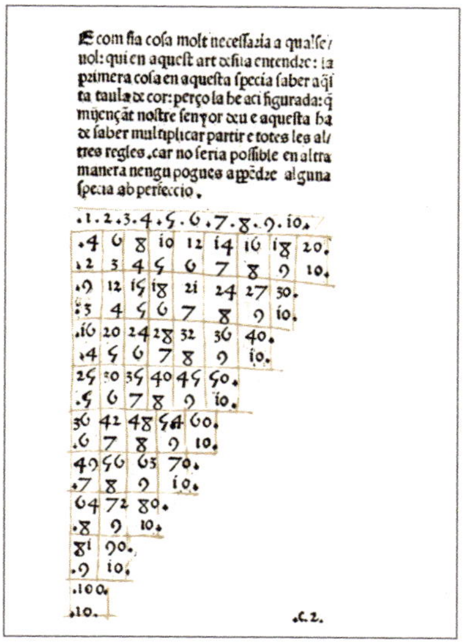
E com sia cosa molt necessaria a qualsevol: qui en aquest art desija entendre: la primera cosa en aquesta specia saber aquesta taula de cor: perço la he aci figurada: q mijençant nostre senyor deu e aquesta ha de saber multiplicar partir e totes les altres regles. car no seria possible en altra manera negu pogues apendre alguna specia ab perfeccio.

.1.2.3.4.5.6.7.8.9.10.
.4 6 8 10 12 14 16 18 20.
.2 3 4 5 6 7 8 9 10.
.9 12 15 18 21 24 27 30.
.3 4 5 6 7 8 9 10.
.16 20 24 28 32 36 40.
.4 5 6 7 8 9 10.
25 30 35 40 45 50.
.5 6 7 8 9 10.
36 42 48 54 60.
.6 7 8 9 10.
49 56 65 70.
.7 8 9 10.
64 72 80.
.8 9 10.
81 90.
.9 10.
.100.
.10.

.C.2.

Eine Seite aus der Treviso-Arithmetik.

Dies sollte sich jedoch in der Zukunft rächen. Es gab nie eine zweite Auflage der *Treviso-Arithmetik*. Aber Hunderte von Auflagen der *Elemente* von Euklid.

Die Buchstaben sind ausgegangen

Eine Geschichte, bei der man nicht mehr zwischen Legende und Realität unterscheiden kann, erzählt, warum der Buchstabe *x* in algebraischen Ausdrücken in der analytischen Geometrie und im Allgemeinen in allen mathematischen Texten dominiert. Normalerweise folgen wir der Vorgehensweise von René Descartes (1596–1650) aus seinem Buch *La Géométrie* (das er zusammen mit seinen Kollegen verfasst hat) und ordnen bekannten numerischen Einheiten die ersten Buchstaben des Alphabets (*a*, *b*, *c*, *d*,....) zu. Außerdem ist es üblich, unbekannte Größen mit den Buchstaben *x*, *y*, *z* darzustellen, den letzten Buchstaben des Alphabets. Dabei ist *x* eindeutig vorherrschend, der Buchstabe, der die Unbekannten schlechthin repräsentiert.

Es wird behauptet, der Grund dafür sei sehr pragmatisch. Der Setzer des Buchs stellte fest, dass ihm die Typen für andere Buchstaben fehlten, während er einen guten Bestand an wenig genutzten *x*-Typen hatte. Als er also dem Unbekannten ein Symbol zuordnen musste, benutzte er *x*. Wir wissen jedoch, dass dies die Notation von Descartes war, die einen Trend schuf, dem die Welt seither folgt.

Leibniz und der Kaiser von China

Für den Denker und Universalgelehrten Gottfried Wilhelm Leibniz (1646–1716) war das binäre System eine plötzliche Erleuchtung. Die Entdeckung des Königreichs der Einsen und Nullen war für ihn, als hätte er festgestellt, wie Blei in Gold verwandelt wird. Plötzlich öffneten sich neue Türen – die zum Teil allerdings äußerst absurd waren. Mit 1 (das Gottähnliche) und 0 (der Abgrund) konnte das gesamte Universum erklärt werden, so wie die einfache 1 und die einfache 0 alle Zahlen erzeugen konnten. Das musste kundgetan werden, und ein solches Wunder musste ausgenutzt werden.

1689 kontaktierte Leibniz seinen Jesuitenfreund Carlo-Filippo Grimaldi, Präsident des Mathematiktribunals in China (in den Folgejahren hatten sie eine hochinteressante Korrespondenz). Er teilte ihm alle seine Gedanken mit und bat ihn, seinen Einfluss und seine Überzeugungskraft zu nutzen, um Kaiser Cam-Hi von seinen guten Ideen zu überzeugen. Waren die Chinesen schließlich nicht die Schöpfer von Yin und Yang? Der Kaiser von China sollte dem Buddhismus abschwören und zum Christentum übertreten, nachdem er mehr über die 1 und die 0 erfahren hatte. Nichts davon geschah. Der Kaiser wurde kein Christ, Leibniz bedauerte es, und das binäre Zahlensystem blieb in das Reich der Arithmetik verbannt, das es nie hätte verlassen dürfen.

Leibniz schrieb weiterhin begeistert verschiedenen neuen mathematischen Einheiten, die ihm präsentiert wurden, geradezu göttliche Eigenschaften zu. So hielt er beispielsweise die imaginären Zahlen, die mit dem mysteriösen $\sqrt{-1}$ verbunden sind, für erhaben und prächtig, „Amphibien zwischen Sein und Nichtsein".

Wunderkind

Oft wird eine Anekdote aus der Kindheit von Carl Friedrich Gauß (1777–1855) erzählt, die seine frühreife Persönlichkeit verdeutlicht. Er war zehn Jahre alt und sein Lehrer, der wohl einfach ein paar Minuten seine Ruhe haben wollte, stellte ihm und seinen Klassenkameraden eine Aufgabe, die sie definitiv eine Weile beschäftigen würde: die Addition aller Zahlen von 1 bis 100.

$$1 + 2 + 3 + \ldots + 98 + 99 + 100.$$

Nach ein paar Minuten stand der kleine Gauß auf und übergab dem Lehrer das Ergebnis, geschrieben auf seiner Mini-Schreibtafel: 5050. Wie konnte dieses kleine „Monster" das lösen? Wir wissen heute, dass Gauß dies erkannt hat, indem er die Reihe vorwärts und rückwärts geschrieben hat:

$$\begin{gathered} 1 + 2 + 3 + \ldots + 98 + 99 + 100 \\ 100 + 99 + 98 + \ldots + 3 + 2 + 1, \end{gathered}$$

Damit erhielt er Teilsummen für jedes Paar, die alle denselben Wert hatten:

$$\frac{100 \times 101}{2} = 50 \times 101 = 5050.$$

$$1 + 100 = 2 + 99 = 3 + 98 = \ldots = 98 + 3 = 99 + 2 = 100 + 1 = 101.$$

Wie viele Summen gab es? 100. Daraus ergab sich das doppelte der vom Lehrer gesuchten Summe, das Ergebnis war also:

Hier haben wir ein Kind mit einem wunderbaren mathematischen Talent vor uns. Die Anekdote wird jedoch normalerweise in vereinfachter Form erzählt, sodass jeder sie verstehen kann (denn nicht jeder ist so klug wie Gauß). Die ursprüngliche Aufgabenstellung war noch viel überwältigender, denn was der Lehrer die Klasse tatsächlich rechnen ließ, war die Summe der ersten 100 Terme in der Reihe:

$$81.297 + 81.495 + 81.693 + \ldots,$$

Dabei ist jeder Term um 198 größer als der jeweils vorhergehende. Das Ergebnis ist nicht so einfach wie zuvor. Gauß war also noch intelligenter, als die Legende erzählt.

Fermat und Kummer

Im Jahr 1847 gab der französische Mathematiker Gabriel Lamé (1795–1870) in Anwesenheit zahlreicher seiner Kollegen sehr aufgeregt bekannt, dass er bewiesen habe, was wir heute über den Satz von Fermat wissen. Lamé, ein höchst integrer Mensch, vergaß auch nicht hinzuzufügen, dass er seinem ebenfalls anwesenden Kollegen Joseph Liouville (1809–1882) Dank und Inspiration schuldete, ohne dessen Hilfe und unschätzbare Zusammenarbeit er nicht auf den Beweis gekommen wäre.

Die Aufmerksamkeit wandte sich Liouville zu, der all dies für großartig hielt, aber er warnte die Anwesenden vor einem kleinen Detail: Lamés Demonstration war gültig, solange die eindeutige Faktorisierung zwischen einer bestimmten Klasse von ganzen Zahlen (die wir später definieren werden), wie beispielsweise den bekannten ganzen Zahlen, gültig war. Es gab durchaus Zweifler. Lamé versuchte, das fehlende, kleine Detail zu demonstrieren, aber sehr zu seiner Verzweiflung war ihm dies nicht möglich. Wie ein Musikkritiker einmal über ein Debussy-Stück urteilte, war die Musik nicht sehr laut, aber ein sehr unangenehmes Geräusch. Lamé verlor die Geduld aufgrund einer Kleinigkeit.

Drei Jahre zuvor hatte der deutsche Mathematiker Ernst Kummer (1810–1893) bereits (in einer deutschen Kultzeitschrift) ein Gegenbeispiel für eine „nicht eindeutige“ Faktorisierung zwischen einer bestimmten Zahlengattung veröffentlicht. Als er von Lamés Bemühungen hörte, beeilte er sich, ihm das Gegenbeispiel zu schicken. Lamé, entmutigt, beendete seinen Versuch des Beweises.

Die berühmten ganzen Zahlen von Lamé werden heute als quadratische ganze Zahlen bezeichnet und waren damals noch wenig erforschte Objekte. Unter den normalen ganzen Zahlen, wie denen von $\mathbb{Z}$, gibt es eine eindeutige Faktorisierung (außer dem Vorhandensein der Einheiten 1 oder -1). Zum Beispiel:

$$6 = 2 \times 3 = 2 \times (-3) \times (-1) = (-2) \times 3 \times (-1) = (-2) \times (-3).$$

Bis auf das Vorhandensein der Einheiten sind die Faktoren 2 und 3. In $\mathbb{Z}[\sqrt{-5}]$ (Zahlen des Typs $a + ib\sqrt{5}$, wobei a und b ganze Zahlen sind) erhalten wir neben 1,

$$6 = 2 \times 3 = (1 + i\sqrt{5})(1 - i\sqrt{5})$$

und die Faktoren sind nicht mehr eindeutig. Beispielsweise kann die ganze Zahl 6 auf zwei verschiedene Arten faktorisiert werden (ohne 1).

In allem Schlechten liegt das Gute im Ansatz verborgen, so das Sprichwort. Und tatsächlich entfesselte Kummer die Jagd auf den Satz von Fermat, der berühmten und unbewiesenen Vermutung

Es gibt kein ganzzahliges Tripel x, y, z, das $x^n + y^n = z^n$ für $n > 2$ erfüllt.

Später wurde dies für die ersten 100 Exponenten bewiesen ($n \leq 100$). Somit war eine weitere Unendlichkeit entstanden.

Ernst Kummer.

Ernst Kummer war nicht nur Numerologe, sondern auch glühender Patriot und außerdem berühmt für seine Schwierigkeiten, sich an die Grundlagen der elementaren Arithmetik zu erinnern. Die einfachsten Multiplikationstabellen waren für Kummer ein Rätsel. Wenn er sie im Unterricht brauchte, wandte er sich an seine Schüler, zum Beispiel: „Sieben mal neun, ummmm...“. Ein humorvoller Student schlug eine falsche Antwort vor, „sieben mal neun, einundsechzig“. „Nein, nein, nein, nein, neunundsechzig“, rief ein anderer, um den Spaß fortzusetzen. Und der arme Kummer sagte ganz unschuldig: „Kommen Sie, meine Herren, es muss doch das eine oder das andere sein“. Und so begann Kummer, rational zu denken. Das Faszinierende ist die Lösung für die immense Aufgabe der Berechnung von $7 \cdot 9$ im reinsten Kummer-Stil: 60, 62, 64, 66 und 68 sind nicht gut, weil sie gerade sind; 61 und 67 werden verworfen, weil sie Primzahlen sind, und 65, weil es mit 5 endet und daher ein Vielfaches von 5 sein muss. Es kann nicht 69 sein, da dies offensichtlich zu groß ist. Damit bleibt nur 63 übrig, das muss die Lösung sein. Ergo ist $7 \cdot 9 = 63$. Reine kummersche Argumentation, ohne das Siebener-Einmaleins zu beherrschen.

1 + 1 = 2 und andere grundlegende Gleichheiten

Der deutsche Mathematiker Peter Gustav Lejeune Dirichlet (1805–1859) hatte ein besonderes Gespür für Zahlen. Man erzählt sich, er schlief am besten, wenn er unter seinem Kopfkissen einen Band *Disquisitione Arithmeticae* von Gauß liegen hatte. Dirichlet verwendete ungewöhnlich viele Zahlen und Techniken. Als sein erstes Kind geboren wurde, lautete das Telegramm an seinen Schwiegervater:

$$2 + 1 = 3.$$

Klarer hätte er es nicht ausdrücken können. Vorher waren es zwei, und ein Drittes kam hinzu. Außerdem waren Telegramme zu dieser Zeit teuer, damit hatte diese Idee von Dirchlet den Charme der Kürze und war deshalb billig. Er war nicht der erste oder letzte Mensch in der Geschichte, der eine Formel als Aussage verwendete: Sokrates selbst dachte über die Gleichung „$1 + 1 = 2$“ nach, ohne sich je von ihrem Beweis überzeugen zu können; aber was sollen wir von jemandem erwarten, dessen Maxime „Ich weiß, dass ich nichts weiß“ lautet?

Der österreichische Physiker und Mathematiker Ludwig Boltzmann (1844–1906) lieferte seinen Studenten eine amüsante Szene. Da er schnell in Kopfrechnen war, waren seine Vorlesungen für die Teilnehmer manchmal qualvoll, weil er viele

Schritte übersprang, in der Annahme, dass all die Argumente und Berechnungen, die in seinem Kopf vor sich gingen, und die er nicht einmal an der Tafel zeigte, für jeden Zuhörer völlig offensichtlich waren. Man teilte ihm freundlich mit, dass dies nicht der Fall sei, und Boltzmann versprach gehorsam, dies zu berücksichtigen. Und er fuhr mit der Demonstration fort: „Wie gesagt, da $pv = p_0v_0(1+ \alpha t)$ etc. etc.“, aber wie üblich, ohne irgendwelche Notizen auf der Tafel zu machen. Schlimmer als zuvor. Die unverständliche Vorlesung endete mit dem unsterblichen Satz: „Ich hoffe, alles, was ich gesagt habe, war für Sie so offensichtlich wie eins plus eins ist zwei.“ Und um seinen unverständlichen Vortrag zu untermauern und sich plötzlich an sein Versprechen zu erinnern, alle seine Berechnungen aufzuschreiben, ging er an die Tafel und schrieb gewissenhaft: „1 + 1 = 2“!

Wenig später erstaunten Bertrand Russell (1872–1970) und Alfred North Whitehead (1861–1947) die wissenschaftliche Welt, als sie zu Beginn des 20. Jahrhunderts (genauer 1910–1913) eine Abhandlung über drei Bände von abstrusen, fast unmöglichen Erläuterungen herausbrachten, die sie – wie Newton – *Principia Mathematica* nannten. Die Gleichheit im Titel dieses Abschnitts, ‘1 + 1 = 2’, die für den Uneingeweihten offensichtlich erscheinen wird, ist der Satz Nummer 54.43. Er befindet sich im zweiten Band und bereitet gewissermaßen die Bühne vor. Wir können uns gut vorstellen, wie unterhaltsam und einfach es gewesen sein muss, in die komplizierten symbolischen Erläuterungen der *Principia Mathematica* einzusteigen, weil ein angesehener Journalist seinerzeit einen Preis für jeden ausschrieb, der beweisen konnte, dass er das ganze Buch gelesen hatte. Der Wettbewerb wurde für unzulässig erklärt. Eine Zeit lang bestand die Hoffnung, dass mindestens einer der Ko-Autoren, Whitehead, den Preis gewinnen könnte – allerdings vergeblich. Jeder Autor hatte nur seinen Teil gelesen.

$*54{\cdot}43.\quad \vdash :. \alpha, \beta \in 1 \,.\, \supset : \alpha \cap \beta = \Lambda \,.\, \equiv . \, \alpha \cup \beta \in 2$

Dem.

$\vdash . *54{\cdot}26 \,.\, \supset \vdash :. \alpha = \iota\text{`}x \,.\, \beta = \iota\text{`}y \,.\, \supset : \alpha \cup \beta \in 2 \,.\, \equiv . \, x \neq y \,.$

$[*51{\cdot}231] \qquad \equiv . \, \iota\text{`}x \cap \iota\text{`}y = \Lambda \,.$

$[*13{\cdot}12] \qquad \equiv . \, \alpha \cap \beta = \Lambda \qquad (1)$

$\vdash . (1) . *11{\cdot}11{\cdot}35 \,.\, \supset$

$\vdash :. (\exists x, y) \,.\, \alpha = \iota\text{`}x \,.\, \beta = \iota\text{`}y \,.\, \supset : \alpha \cup \beta \in 2 \,.\, \equiv . \, \alpha \cap \beta = \Lambda \qquad (2)$

$\vdash . (2) . *11{\cdot}54 \,.\, *52{\cdot}1 \,.\, \supset \vdash .$ Prop

From this proposition it will follow, when arithmetical addition has been defined, that $1 + 1 = 2$.

Auszug aus den Principa Mathematica *mit dem Beweis, dass 1 + 1 = 2 ist.*
Zuvor muss jedoch, worauf der Text freundlich hinweist (unverkennbar Russells Handschrift), die arithmetische Addition bewiesen werden.

Kleine Fehler

Augustin Louis Cauchy (1789–1857) erhielt einst ein intelligent verfasstes Dokument zur Zahlentheorie, das bewies, dass die beeindruckende diophantische Gleichung

$$x^3 + y^3 + z^3 = t^3$$

keine ganzzahlige Lösung hatte. Cauchy, der hinter seinen ultramodernen Anschauungen gerne etwas sarkastisch und manchmal sogar lustig war, antwortete, indem er das Original zurückschickte und einen einfachen Einzeiler hinzuschrieb:

$$3^3 + 4^3 + 5^3 = 6^3$$

Etwas Ähnliches passierte Alphonse de Polignac (1817–1890), einem hervorragenden französischen Mathematiker, heute sehr bekannt für eine Vermutung zu den Primzahlen, die die berühmte Goldbach-Vermutung verallgemeinert. Polignac erklärte Folgendes:

Jede ungerade Zahl ist die Summe aus einer Primzahl und einer Potenz von 2.

Das hört sich sehr beeindruckend und auf den ersten Blick unglaublich an. Betrachten wir jedoch eine ungerade Zahl, beispielsweise 63:

$$63 = 2^5 + 31,$$

31 ist eine Primzahl, es scheint also zu funktionieren. Wenn wir außerdem erwähnen, dass Polignac die Menschen glauben ließ, er hätte seine Vermutung bis zur Zahl 3.000.000 geprüft, dann ist verständlich, dass sich viele dafür interessierten. Betrachten Sie jedoch eine so kleine Zahl wie 127, erkennen Sie, dass die Vermutung nicht funktioniert. Sie könnten eine Liste der sechs möglichen Potenzen von 2 erstellen:

$$127 = 2^1 + 125 = 2^1 + 5 \times 25$$
$$127 = 2^2 + 123 = 2^2 + 3 \times 41$$
$$127 = 2^3 + 119 = 2^3 + 7 \times 17$$
$$127 = 2^4 + 111 = 2^4 + 3 \times 37$$
$$127 = 2^5 + 95 = 2^5 + 5 \times 19$$
$$127 = 2^6 + 63 = 2^6 + 3 \times 21.$$

Die nächste Potenz von 2 ist $2^7 = 128$, was größer als 127 ist. Diese Vermutung funktioniert also nicht für 127, auch wenn Polignac dies behauptet hat. Einige Fehler sind einfach fatal.

Eine erstaunliche Berechnung

Die folgende Geschichte ist absolut wahr und gut dokumentiert. Sie hat sich bei einem Treffen der American Mathematical Society im Jahr 1903 zugetragen. Es wurde angekündigt, dass der Numerologe Frank Nelson Cole (1861–1926) einen Vortrag mit dem Titel *Über die Faktorisierung großer Zahlen* halten würde. Das Treffen entwickelte sich jedoch auf eine eher ungewöhnliche Art: Cole stand auf, ging zur Tafel und schrieb: $2^{67}-1$, die Mersenne-Zahl M_{67}, angeblich (bis zum damaligen Zeitpunkt) eine Primzahl. Cole fuhr dramatisch fort, 2^{67} zu berechnen und subtrahierte 1 davon. Während sein Publikum den Atem anhielt, schriebt Cole zwei Zahlen und multiplizierte sie per Hand an der Tafel: 193.707.721 · 761.838.257.287. Das Ergebnis 147.573.952.589.676.412.927 war, wie von allen erwartet, die gewünschte M_{67}. Cole drehte sich um und ging zurück an seinen Platz. Während der langen Stunde, die all das gedauert hatte, sprach er kein Wort. Das vornehme und weise Publikum brach am Ende in Beifall aus, wie in der Oper.

Es sei darauf hingewiesen, dass es 1903 keine Rechner oder Algorithmen wie heute gab, die in der Lage waren, Mersenne-Zahlen zu berechnen. Laut Cole hatte ihn seine unglaubliche Berechnung „drei Jahre Sonntagsarbeit“ gekostet. Aufgrund dieser Leistung hat die American Mathematical Society den inzwischen hochgeschätzten Cole-Preis ins Leben gerufen. Die Suche nach den Mersenne-Primzahlen kann im Internet verfolgt werden, vor allem auf der Website Great Internet Mersenne Prime Search (https://www. mersenne.org/). Die größte, bisher bekannte Mersenne- Primzahl (Mai 2017) ist $27^{4.207.281} - 1$ ($M_{74.207.281}$), eine wirklich große Zahl mit 22.338.618 Stellen.

Eine sehr große Zahl

In der Mathematik können wir uns beliebig große Zahlen vorstellen, die endlich, aber sehr groß, riesig, manchmal sogar kolossal sind. 1938 erfand der neunjährige Neffe des bekannten Mathematikers Edward Kasner (1878–1955) das „Googol“ für den Gebrauch seines Onkels, das für seinen jungen Geist eine unvorstellbar große Zahl, fast unendlich war. Für Milton Sirotta, so heißt der Neffe, war ein Googol eine Eins, gefolgt von hundert Nullen. Geschrieben in „erwachsener“ Arithmetik:

$$1 \text{ googol} = 10^{100}.$$

Im Hinblick auf die Größe ist das Googol noch wenig beeindruckend. Das so genannte „Googolplex“, eine Eins gefolgt von einem Googol aus Nullen, hat schon eine ganz andere Wirkung. Wir können auch diese Zahl in „erwachsener“ Notation schreiben:

$$1 \text{ gogolplex} = 10^{1 \text{ gogol}} = 10^{10^{100}}.$$

Viele Jahre lang wurde Sirottas geniale Erfindung als clevere Idee in alle mathematischen Lehrbücher aufgenommen – bis zur Einführung von Google. Das heute, riesige Unternehmen wurde 1998 von zwei jungen US-Mathematikern gegründet, Larry Page (geb. 1973) und Sergey Brin (geb. 1973). Es begann mit einer einfachen „Suchmaschine“, einem großen Beitrag zur Internetwelt, dem viele weitere Tools folgten. Der Name des Unternehmens ist nichts anderes als eine Variante des Wortes „Googol“, ein Begriff, der, wie wir gesehen haben, bereits reichlich verwendet wurde. Als Google gegründet wurde, gab es nicht mehr als 24 Millionen indexierte Websites, eine Zahl, die weit entfernt von einem Googol Seiten ist, aber es ist ja weithin bekannt, dass Mathematiker Optimisten sind.

Die Sage von 1729

Der Grund für die Mystik um die Zahl 1729 liegt vor allem in einer bekannten und häufig erzählten Anekdote, die mit zwei Mathematikern verbunden ist, dem Engländer Godfrey Harold Hardy (1877–1947) und dem Inder Srinivasa Ramanujan (1887–1920). Hardy erzählt uns, dass er bei einem Besuch des damals ins Krankenhaus eingewiesenen Ramanujan das Taxi Nummer 1729 genommen hat, was er Ramanujan beiläufig erzählte, um dessen Stimmung aufzuhellen. Laut Hardy war es eine ganz langweilige Zahl. „Nein“, antwortete der Inder, „es ist die kleinste Zahl, die sich als Summe zweier Kubikzahlen auf zwei verschiedene Arten ausdrücken lässt“. Und in der Tat:

$$1\,729 = 12^3 + 1^3 = 9^3 + 10^3.$$

Um zu beweisen, was Ramanujan unvermittelt und eher gelangweilt gesagt hatte, brauchte Hardy zwei Wochen. Aus 1729 ist später eine Untertheorie der Zahlen-

$$\sqrt[3]{1\,729} = \sqrt[3]{12^3 + 1^3} = \sqrt[3]{12^3\left(1 + \frac{1}{12^3}\right)} = 12\sqrt[3]{1 + \frac{1}{1\,728}}$$

theorie entstanden – die „Taxi-Zahlen“, aber das ist eine andere Geschichte.

Diese sehr bekannte Anekdote ist großartig und wahr und gibt eine Vorstel-

$$\sqrt[3]{1 + \frac{1}{1\,728}} = 1 + \frac{1}{3}\frac{1}{1\,728} + \dots$$

lung davon, wie der Geist von jemandem wie Ramanujan funktionieren muss. Die Fortsetzung der Anekdote ist jedoch ebenso faszinierend und betrifft ein weiteres Physik- und Mathematikgenie, den Gewinner des Nobelpreises für Physik, Richard Feynman (1918–1988). Wie Feynman selbst in *Surely You're Joking, Mr. Feynman!* schrieb, konnte er mit 1729 einen japanischen Abakusanwender schlagen, was eine bemerkenswerte Leistung ist, da orientalische Abakusanwender sehr gute Rechner sein können. Als er sah, dass die Ergebnisse mit Bleistift und Papier schneller wurden, sobald die Berechnungen komplexer wurden, schlug der Abakusanwender vor, in den schwierigen Bereich der kubischen Wurzeln überzugehen und machte den Fehler, Feynman zu bitten, eine Zahl zu wählen, um die kubische Wurzel zu finden. Feynman wählte sofort 1729, eine Zahl, die keinen Verdacht erregte, aber

$$\sqrt[3]{1\,729} \approx 12{,}0023$$

Dies kann ganz einfach auf Papier geschrieben werden, und durch Anwendung einer Entwicklung der Taylor-Reihe erhalten wir:

Diese Terme sind ausreichend, um darzulegen (und Feynman war hervorragend im Kopfrechnen), dass

Mit diesem Ergebnis schlug er den Abakus. Damit gewann Feynman den Wettbewerb und Ramanujan schaute ihm vom Himmel, vom Nirvana oder wer weiß von welchem anderen heiligen Ort aus zu.

Eine indische Briefmarke, die dem größten Mathematiker Indiens aller Zeiten gewidmet ist, Srinivasa Ramanujan.

Hardy, Gott und die Riemann-Hypothese

Es gibt zahlreiche Anekdoten über den durch und durch englischen Mathematiker und Schriftsteller G.H. Hardy. Eine der bekanntesten ist die folgende. Hardy war eine auffällige Persönlichkeit und eine Liste seiner glühenden Bestrebungen (wie er selbst berichtete) erklärt deutlich, warum das so war. Hardys Ambitionen waren neben diversen anderen, alltäglichen Eitelkeiten:

1. Die Riemann-Hypothese beweisen.
2. Ein brillantes Inning in einem entscheidenden Cricket-Spiel spielen.
3. Mussolini ermorden.
4. Beweisen, dass Gott nicht existiert.

Die folgende Geschichte bezieht sich (nicht weiter verwunderlich) auf den ersten dieser Wünsche. Hier noch einige Voraussetzungen, die Sie kennen müssen, um zu verstehen, warum eine so bekannte Anekdote in diesem Buch erscheint:

- G.H. Hardy, ein großartiger Numerologe, der vor allem dafür berühmt ist, eine so außergewöhnliche Person wie Srinivasa Ramanujan in den Westen zu bringen.
- Gott, zu dem man weiter nichts zu sagen braucht, und den Hardy als seinen persönlichen Feind betrachtete.
- Die Riemann-Hypothese, ohne Zweifel die wichtigste aktuelle und unbewiesene Vermutung in der Mathematik.

Wir werden uns auf die Version der Ereignisse beschränken, wie sie von George Pólya (1887–1985) erzählt wurde, da sie Hardys Können und die darauf folgende mathematische Argumentation offenbart. Hardy war auf dem Rückweg von Dänemark, wo er Harald Bohr besucht hatte, Mathematiker und Bruder des berühmten Physikers Niels Bohr. Bei seiner Überfahrt nach England mit dem Schiff war das Wetter schlecht, und das Risiko, dass das Boot sinken könnte, war höher als gewöhnlich. Also schickte Hardy Bohr eine Postkarte mit der folgenden Botschaft: „Ich habe die Riemann-Hypothese bewiesen." Wieso tätigte Hardy diese Falschaussage? Wäre das Schiff gesunken, würde die ganze Welt (durch Bohr, einen völlig unverdächtigen Bürger) annehmen, dass Hardy die Riemannsche Hypothese bewiesen hätte. Aber Gott konnte einem ungläubigen Feind wie Hardy den Ruhm für eine solche Entdeckung nicht erlauben, und deshalb würde er das Boot nicht sinken lassen. Ergo, das Boot konnte nicht sinken. *Quod erat demonstrandum*. Sie haben es geahnt, Hardy kehrte sicher nach England zurück – Gott sei Dank.

Eine derartige Argumentation kann sich als tückisch herausstellen, wenn sie nicht mit Sorgfalt angewendet wird. Wir hören oft die Geschichte des Statistikers, der die Wahrscheinlichkeit berechnet hat, dass jemand in einem Flugzeug eine Bombe in seinem Koffer transportiert. Als seine Berechnungen ergaben, dass die Wahrscheinlichkeit einer Katastrophe auf dem Flug für den Fall viel geringer war, wenn es zwei Bomben gab, reiste der Statistiker immer mit einer Bombe im Koffer. Die Wahrscheinlichkeit, einem Attentat zu erliegen, ist damit weitaus geringer, als wenn sich nur eine Bombe im Flugzeug befände. Das ist natürlich lächerlich und kein gültiger statistischer Schluss.

Eine weitere Variante der Hardy-Geschichte wird David Hilbert (1862–1943) zugeschrieben, obwohl der Protagonist hier der Satz von Fermat ist (damals nur eine Vermutung). Diesmal hatte Hilbert seine Kollegen aus einer fernen Stadt benachrichtigt, dass er während einer Konferenz ankündigen würde, über einen möglichen Beweis der Vermutung zu sprechen. Als Hilbert nach einem ereignislosen Flug seinen Vortrag hielt, der wie immer brillant war, erwähnte er weder die Vermutung noch Fermat auch nur mit einem Wort. Als man ihn danach fragte, sagte er einfach, diese Fermat-Sache sei „nur für den Fall gewesen, dass das Flugzeug explodiert wäre". Gott erscheint nicht in dieser Geschichte, aber seine Rolle ist offensichtlich.

Null und nichts

Bei einem Gespräch zwischen dem brillanten Denker Bertrand Russell und dem indischen Schriftsteller R.K. Laxman (geb. 1924), der die Geschichte für die Nachwelt festhielt, bemerkte der wortreiche Russell mitten im Gespräch, dass Indien absolut nichts erfunden habe: „Ihr Inder, ihr habt absolut nichts erfunden", sagte Russell. Behauptete Russell, dass die Inder nicht beanspruchen konnten, irgendwelche Erfindungen dieser Welt gemacht zu haben? Es ist nachvollziehbar, dass Laxman einigermaßen empört war. Es schien nicht nur unhöflich von Russell zu sein, was von einem Gentleman wie ihm letztlich unvorstellbar war, sondern auch eine Aussage, die nicht der Wahrheit entsprach. Aber er hatte keine Zeit zu protestieren. Der tückische Russell stellte nämlich sofort klar, dass das Wort „nichts" („nothing") wörtlich zu verstehen sei. Nichts bedeutet „Null", und genau das meinte Russell. Die indische Kultur hatte die Null erfunden.

Karikatur aus dem Evening Standard *1961 anlässlich der Tatsache, dass Russell aufgrund seiner zu dieser Zeit illegalen politischen Anschauungen inhaftiert wurde.*

Ob es nun die Inder waren oder nicht, wer auch immer die „Null" erfand, erfand nicht nur eine Art, „nichts" zu schreiben, sondern auch etwas sehr Großes (es scheint jedoch belegbar zu sein, dass die Ursprünge ihrer Verwendung den Indern im 6. Jahrhundert zuzuschreiben ist). Das Konzept von „Null" ist die Grundlage für die Positionsnummerierung in der Arithmetik. Bertrand Russell war ein Graf, Nobelpreisträger und einer der berühmtesten und intelligentesten Mathematiker der Geschichte. Dennoch hat er nicht so etwas wie die „Null" erfunden, eine Idee, die so genial ist wie das Rad, der Siliziumtransistor oder die Landwirtschaft.

Ein ungewöhnliches Genie

Das Ansehen des ungarischen Mathematikgenies Paul Erdös (1913–1996) hat mit der Zeit mehr und mehr zugenommen, zum Teil aufgrund seiner extravaganten Persönlichkeit, zum Teil wegen seines beachtlichen Beitrags zur Zahlentheorie, auf die er seine enormen intellektuellen Talente konzentrierte. Und diese müssen wirklich phänomenal gewesen sein, denn er erinnerte sich, dass er im Alter von nur vier Jahren ganz allein negative Zahlen entdeckt hatte.

Anekdoten über Erdös sind ganz und gar unvermeidlich, da sowohl sein Charakter als auch sein Verhalten Anlass dazu bieten. Zum Beispiel dachte er, genau wie Hardy, dass Gott sein natürlicher Feind sei, und dass er sich mit der Realität verschworen habe, um die schönsten Theoreme vor Erdös zu verbergen, der die allergrößten Anstrengungen unternehmen musste, um sie ihm zu entreißen. Er stellte sich gerne vor, die Weisheiten dieses dunklen Wissens fänden sich in einem imaginären Buch der intellektuellen Wunderwerke. Wenn Erdös also etwas besonders Schönes beweisen konnte, rief er: „Das muss im Buch stehen!".

Erdös ist heute eine Legende und einige Züge seines Charakters sind in die Walhalla der Wissenschaft gelangt. Dazu gehört die Erdös-Zahl, zunächst eine humorvolle Erfindung, die heute in der Graphentheorie untersucht wird. Für jeden professionellen Wissenschaftler X ist sie definiert als die kleinste Zahl $E(X)$, wie oft er mindestens einen Artikel mit jemandem zusammen geschrieben hat, dessen Erdös-Zahl $E(X) - 1$ ist. Wie Sie sehen werden, ist die Definition rekursiv; sie gipfelt darin, dass die Zahl 0 Erdös selbst zugeordnet wird. Ein Wissenschaftler mit einer Erdös-Zahl von 1 ist Mitautor eines Artikels mit Erdös selbst. Natürlich hat jeder, der keinen Artikel mit Erdös geschrieben hat, sondern mit dem glücklichen Inhaber einer Erdös-Zahl von 1, eine Erdös-Zahl von 2, und jeder, der einen Artikel in Zusammenarbeit mit einem X mit $E(X) = 2$ geschrieben hat, eine Erdös-Zahl von 3, und so weiter. Jeder außerhalb dieser Kette der Mitautorenschaft hat eine Erdös-Zahl von Unendlich. Eine sehr erheiternde mathematische Methode, um Mathematiker zu klassifizieren.

Die Menge der Besitzer einer Erdös-Zahl von 1 hat 511 Mitglieder. Unter denjenigen auf der Liste befindet sich auch der berühmte Baseballspieler Hank Aaron, da auf Vorschlag von Carl Pomerance (geb. 1944), einem anderen Mathematiker, Erdös einen Baseball für ihn signierte, als er an der gleichen Ehrendoktorzeremonie teilnahm. Es wurde berechnet, dass neun Zehntel der derzeitigen Wissenschaftler eine Erdös-Zahl von weniger als oder gleich 8 haben. Die bisher höchste bekannte Erdös-Zahl ist 15. Die Berechnung der definitiven minimalen Obergrenze ist ein Problem, dessen Lösung gerne Ihnen überlassen bleibt.

Robert Dedekind (1831–1916) übrigens ist der älteste Mathematiker, der dieser illustren Bruderschaft angehört, E(Dedekind) = 7.

„Mein Geist ist offen", pflegte Paul Erdös seinen Freunden zu sagen, wenn er an ihre Türe klopfte und ein paar Tage bei ihnen bleiben wollte, ausgerüstet nur mit einem Koffer mit Wäsche zum Wechseln, seinen grauen Zellen und einer hervorragenden Gelegenheit für die gemeinsame Lösung verwickelter numerischer Probleme. Gerne pflegte er einen lustigen Reim zu machen: „Another roof, another proof", also: „Neues Dach, neuer Beweis".

Ein bisschen Unterstützung von Erdös

Erdös' Fähigkeit, sich zu langweilen, wenn in seiner Umgebung gerade keine Mathematik gemacht wurde, war scheinbar unendlich. Einmal war er zum Abendessen eingeladen und fiel sobald er erkannte, dass er tatsächlich zum Abendessen da war und nicht, um über Mathematik zu sprechen, mit der Nase in seinen Teller und schlief ein. Das Gegenteil wird in Zusammenhang mit dem polnisch-amerikanischen Mathematiker Mark Kac (1914–1984) erzählt. Eines seiner Seminare behandelte ein Thema, an dem Erdös nicht besonders interessiert war. Irgendwann gab Kac zu, auf Grund gelaufen zu sein, da er ein Problem im Zusammenhang mit den Teilern einer Zahl nicht lösen konnte. Damit wurde buchstäblich der Jagdinstinkt von Erdös geweckt, wie bei einer Katze, die Beute riecht. Erdös vertiefte sich wie besessen in das numerische Problem, während der Vortrag weiterging. Noch bevor Kac zu Ende geredet hatte, hob Erdös triumphierend seinen Kopf – er hatte das Problem gelöst.

Die Zahlen des Mr. Smith

Alles begann mit Albert Wilansky, einem Numerologen, der eine Zahlenkategorie aus der Telefonnummer seines Schwagers erfand, zumindest erzählt man sich dies. Sehen wir uns das Ganze schrittweise an: Wilanskys Schwager, ein Harold Smith, hatte die Telefonnummer 4937775. Die Summe der Zahlen ist 42:

$$4 + 9 + 3 + 7 + 7 + 7 + 5 = 42$$

Wilansky faktorisierte die Telefonnummer:

$$4.937.775 = 3 \cdot 5^2 \cdot 65.837$$

Anschließend schrieb er sie ohne Exponenten und wiederholte die Primfaktoren sorgfältig:

$$4.937.775 = 3 \cdot 5 \cdot 5 \cdot 65.837$$

Überraschung! Bei der Addition aller Zahlen ergibt sich wieder 42:

$$3 + 5 + 5 + 6 + 5 + 8 + 3 + 7 = 42$$

Bei einem anderen als Wilansky wäre dies folgenlos geblieben, aber bei ihm legte sich ein Schalter in seinem Kopf um. Soeben waren die Smith-Zahlen (der gebräuchlichste englische Nachname) geboren worden. Eine Smith-Zahl (wir definieren sie mit der Basis 10, aber jede Basis ist gültig) ist jede ganze Zahl, bei der, wenn sie faktorisiert und wie oben gezeigt geschrieben wird, die Summe ihrer Ziffern und die Summe der Faktoren gleich sind. Die Definition mag etwas kompliziert erscheinen, aber tatsächlich war das Studium der Smith-Zahlen fruchtbar und es gibt Hunderte von ihnen; Tausende von Numerologen suchen nach ihnen und bringen ihnen eine große Zuneigung entgegen. Wir wissen heute, dass es unendlich viele Smith-Zahlen gibt, dass es unter ihnen unendlich viele Palindrome gibt, und wir kennen sogar einige faszinierende Beispiele, wie die riesige

$$9\,R_{1031}(10^{4594} + 3 \times 10^{2297} + 1)^{1476} \times 10^{3913210}$$

Dabei stellt R_{1031} (*R* kommt von *repunit*, eine Abkürzung von „repeated unit“) die ganze Zahl dar, die von 1031 wiederholten Einsen gebildet wird, oder wenn

Sie es lieber so lesen:

$$R_{1031} = \frac{10^{1031} - 1}{9}$$

Dies war 2010 die größte bekannte Smith-Zahl. Sie war jedoch nicht das Faszinierendste, denn die so genannte „Zahl des Tieres“, 666, die in der Offenbarung des Johannes erscheint, ist ebenfalls eine Smith-Zahl. Werfen wir einen Blick darauf:

$$6 + 6 + 6 = 18$$

Und

$$666 = 2 \cdot 3 \cdot 3 \cdot 37;$$
$$2 + 3 + 3 + 3 + 7 = 18$$

Kabbalisten und andere Liebhaber der dunklen Künste müssen tapfer sein. Ein Jammer, dass die Smith-Zahlen diesen trivialen Namen führen und ihre Entstehung auf eine ganz gewöhnliche Telefonnummer zurückgeht.

Die Fliege

Dem US-amerikanischen Physiker und Mathematiker ungarischer Herkunft John von Neumann (1903–1957) werden zahlreiche Anekdoten zugeschrieben, nicht zuletzt seiner außergewöhnlichen Persönlichkeit wegen. Eine der meistzitierten Anekdoten in den Anthologien bezieht sich sowohl auf seine Rechenfähigkeiten als auch auf seine seltsame Gewohnheit, anders als normale Sterbliche zu handeln. Wir werden die Informationen vereinfachen, um die Geschichte zugänglicher zu machen. Ein inzwischen klassisches Problem ist das der Züge und der Fliege. Angenommen, zwei Züge, *A* und *B*, verlassen zwei Haltestellen auf derselben Strecke, einer von Punkt *A* und der andere von Punkt *B* aus. Angenommen, die Entfernung zwischen *A* und *B* beträgt 100 km und die Züge fahren mit jeweils 50 km/h. Bei der Abfahrt bewegt sich eine Fliege, die an der Spitze des Zuges *A* saß, mit 75 km/h in Richtung *B*; sie verlässt Zug *A* und trifft auf Zug *B*. Dann kehrt sie

$$d = 60 + 12 + \frac{12}{5} + \frac{12}{25} + \ldots,$$

ihre Route um: sie verlässt die Spitze von Zug *B* und fliegt in Richtung Zug *A*.

Nachdem sie ihn erreicht hat, fliegt sie wieder in Richtung Spitze des Zuges *B* und so weiter. Beide Züge treffen sich irgendwann und die Fliege geht den Weg alles Irdischen. Die Frage ist, welche Entfernung hat die Fliege auf ihrer Route zwischen den bewegten Zügen zurückgelegt? Wie ein guter Student nach einer mühsamen Berechnung zeigen würde, entspricht die von der Fliege zurückgelegte Strecke der Summe der unendlichen geometrischen Reihen

Das ist gleich 1/5, wir erhalten also d = 75 km für den Flug unseres Insekts.

Eine einfache Seele mit einem wachen Geist würde wie folgt zu dieser Antwort gelangen: Die Züge *A* und *B* treffen sich bei Kilometer 50, in der Mitte der Gesamtstrecke, und aufgrund ihrer Geschwindigkeit haben sie eine Stunde gebraucht, dorthin zu gelangen. Die Fliege wird also seit einer Stunde geflogen sein, und wenn sie sich mit 75 km/h bewegt, wird sie 75 km zurückgelegt haben. Das ist offensichtlich, aber nur wenige Menschen erkennen einen so einfachen Beweis. Kehren wir nun zu von Neumann und einem seiner Kollegen zurück, der ihm das Fliegenrätsel vorgeschlagen hat. Von Neumann antwortete sofort: „75 Kilometer". Sein Kollege sah ein wenig enttäuscht aus: „Wow, man kann dich einfach nicht hereinlegen. Du hast es sofort verstanden, weil du so intelligent bist. Die meisten Leute verwenden dazu eine Reihe." Und von Neumann antwortete überrascht: „Und was glaubst du, was ich getan habe?". Das Genie der Genies hatte keine einzige Sekunde in einfaches Querdenken investiert; er hatte sich darauf beschränkt, die Reihe sofort zu errechnen. Schnell und einfach – wenn man von Neumann ist.

Der Raum von Fermat

Immer wieder einmal ist in Filmen von einem berühmten oder einfachen mathematischen Problem die Rede, wie in *Das Wunderkind* (1991), *Cube* (1997), *Moebius* (1996), *Pi* (*Faith in Chaos*) (1998), *Enigma* (2001) und vielen anderen. Es gibt jedoch einen Film, bei dem sich alles um die Mathematik dreht, *Logic Room – Der Tod ist unberechenbar* (2007), der in Zusammenarbeit von Luis Piedrahita und Rodrigo Sopeña entstand, mit einer hervorragenden Schauspielerbesetzung. Alejo Sauras spielt einen jungen Mathematiker namens Galois (ein Hinweis für die Insider), dem der Beweis der Goldbach-Vermutung gelungen ist. Leider besitzt er ihn nicht mehr, weil er ihm gestohlen wurde, wie er uns am Anfang des Films mitteilt.

Die Handlung des Films ist sehr kompliziert und beinhaltet zahlreiche Verwicklungen, von denen eine der originelleren die Tatsache ist, dass die Hauptfiguren in einem Raum eingeschlossen sind, dessen Wände sich nach innen bewegen und damit drohen, sie zu zerquetschen (obwohl diese Idee einer Geschichte von Edgar Allan Poe entnommen zu sein scheint). Diese wilde Geschichte ist jedoch nur Fiktion. Niemand ist der Goldbach-Hypothese auch nur annähernd nahe gekommen. Tatsächlich gibt Galois im Film zu, dass sein Beweis falsch war, aber ein anderer der Charaktere (der dementsprechend Hilbert heißt und von Lluís Homar gespielt wird) scheint tatsächlich Beweise gefunden zu haben. Leider stirbt Hilbert und der letztendliche Beweis landet auf dem Grund eines Flusses. So bleibt die Goldbach-Vermutung schließlich unbewiesen, und die trostlose Welt der Mathematik wartet immer noch auf ihren Prinzen auf dem weißen Pferd.

Kapitel 2

Formen

„Geometrie ist die einzige Wissenshaft, die Gott der Menschheit gerne gegeben hat.“

Thomas Hobbes

Zykloide statt Schafe

Menschen, die unter Schlafproblemen leiden, zählen angeblich Schafe – je weniger Schlaf, desto mehr Schafe. Der Theologe und Mathematiker Blaise Pascal (1623–1662) sah die Dinge anders. Gegen Ende seines Lebens hat er seine Gedanken fast ausschließlich auf die Theologie verlagert und wandte sich von den wissenschaftlichen Fragen ab, mit denen er sich bis dahin hauptsächlich beschäftigt hatte. Pascal litt jedoch nicht nur an unaufhaltsamen religiösen Zwängen, sondern auch an Schlaflosigkeit, einer lästigen Erkrankung, die er selbst durch Zählen von Schafen nicht verbessern konnte. Es scheint, dass der Schlafmangel von anhaltenden Zahnschmerzen begleitet wurde, einem Zustand, der zu einer Zeit vor Erfindung von Schmerzmitteln quälend gewesen sein muss.Vielleicht kam er durch seine anderen Aktivitäten darauf, während seiner Unruhezeiten an geometrische Objekte wie Zykloide und ihre mysteriösen Eigenschaften zu denken. Damit lenkte er seinen Geist vom Schmerz ab. Ob die Zykloide nun besondere Heilkräfte hatten oder nicht,Tatsache ist, dass die Zahnschmerzen, die die Schlaflosigkeit begleiteten, und die Schlaflosigkeit selbst dadurch verschwanden.

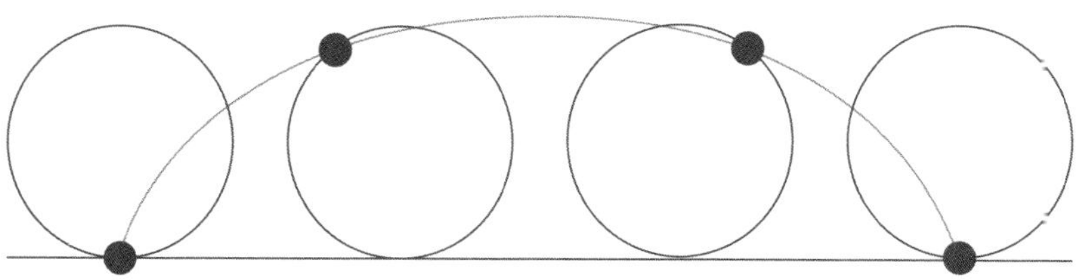

Ein Zykloid wird mechanisch erstellt. Es handelt sich dabei um den Pfad eines festen Punkts auf einem rollenden Kreis.

Pascal dachte über dieses faszinierende Phänomen nach und fand später keine andere Erklärung als eine religiöse Ursache. Er war der Überzeugung, dass Gott die Mathematik mehr als alles andere mochte, einschließlich der Zoologie. Pascal lobte sogar eine Art Preis für jeden aus, der ihm interessante Ergebnisse über die Zykloide mitteilen konnte, und ernannte den bekannten Spezialisten Gilles Personne de Roberval (1602–1675) zum Mitglied der Jury.

Wir können jedoch noch etwas mehr über diesen übergenauen Menschen erzählen, der ebenfalls ein ausgezeichneter Mathematiker war. Er liebte den Zykloid, eine Kurve, die im Zentrum so vieler Konflikte und Streitigkeiten stand, dass viele Geometer sie „die Helena der Geometrie" nannten und eine wissenschaftliche Parallele zu Helena von Troja zogen. Roberval war in vielen dieser Streitigkeiten aus einem sehr einfachen Grund die zentrale Figur: Die Stelle des Vorstands des Lehrstuhls für Mathematik am Collège de France wurde alle drei Jahre neu besetzt, wobei jeweils ein Wettbewerb zu einem vom scheidenden Chef gewählten Thema durchgeführt wurde. Wie zu erwarten war, hielt der Vorstand die Ergebnisse bis zum Zeitpunkt der endgültigen Bekanntgabe geheim – und gewann in der Regel den Wettbewerb, zumal er im Vorteil war. Und hätte jemand das geheime Theorem auf eigene Faust entdeckt und es vor dem Vorstand preisgegeben, wäre der Teufel los gewesen. Roberval hatte die Position des Vorstands für nicht weniger als 40 Jahre inne, genug Zeit, sich Feinde zu machen und mit allen zu kämpfen. Pascal war ein guter Franzose, ebenso wie Roberval, und als dieser mit dem Italiener Torricelli um die Vorherrschaft kämpfte, hatte er Pascal auf seiner Seite. Dies war nicht die richtige Entscheidung, denn Torricelli hatte, wie sich später zeigte, die Fläche unter einer Kurve und das Verfahren zum Zeichnen ihrer Tangenten völlig unabhängig vom temperamentvollen Roberval korrekt berechnet.

Enden wir mit Pascal. Sein Vater war nicht begeistert von seiner Liebe zur Mathematik, bis er mit gerade neun Jahren ein Interesse an der Geometrie entwickelte und ohne Hilfe von Dritten und völlig eigenständig Sätze entdeckte, die den Inhalt der ersten 32 Theoreme von Euklid abdeckten. Erst jetzt gab sein Vater den Wünschen des Jungen nach.

Das unglaubliche Polynom

Das Wunderkind Carl Friedrich Gauß fand im Alter von 19 Jahren heraus, welche regelmäßigen Polygone allein mit Lineal und Zirkel konstruiert werden konnten und welche nicht. Zu dieser Zeit war Gauß unsicher, ob er sich der Linguistik oder

der Mathematik widmen sollte, einem Bereich, in dem er erstaunliche Fähigkeiten zeigte. Als er es schaffte, die Geheimnisse der Polygone zu entschlüsseln, erkannte er, dass seine Berufung die Geometrie war, also traf er eine Entscheidung: Er wählte den Weg der Mathematik und hatte keinen Grund, es zu bereuen. Er war viele Jahre lang unbestrittener Führer auf diesem Gebiet.

Gauß entdeckte das Geheimnis der Polygone durch folgendes Ergebnis: Ein regelmäßiges Polygon mit n Seiten ist konstruierbar (d. h. es kann nach griechischer Tradition mit nur einem Lineal und einem Zirkel konstruiert werden), wenn es vom folgenden Typ ist:

$$n = 2^k p_1 p_2 \ldots p_m \text{ für } k \geq 0$$

wobei p_i entweder 1 oder eine der unteilbaren Fermat-Zahlen ist. In dem Theorem muss nur noch erklärt werden, was eine Fermat-Zahl ist. Eine Zahl F_p wird als Fermat-Zahl bezeichnet, wenn sie den folgenden Typ hat:

$$F_p = 2^{2^p} + 1.$$

Fermat-Zahlen können teilerfremd oder zusammengesetzt sein:

$$F_0 = 2^{2^0} + 1 = 3,$$
$$F_1 = 2^{2^1} + 1 = 5,$$
$$F_2 = 2^{2^2} + 1 = 17,$$
$$F_3 = 2^{2^3} + 1 = 257,$$
$$F_4 = 2^{2^4} + 1 = 65\,537,$$
$$F_5 = 2^{2^5} + 1 = 4\,294\,967\,297 = 641 \times 6\,700\,417.$$

Ab diesem Zeitpunkt an konnte niemand mehr eine teilerfremde Fermat-Zahl finden. F_6 wurde 1880 vom Franzosen Fortuné Landry faktorisiert, und von den nachfolgenden F_p war F_{11} bereits faktorisiert worden. Wie gesagt, es wurden keine Primzahlen mehr gefunden; vielleicht gibt es keine zu finden.

Das Theorem besagt, dass regelmäßige Polygone mit n Seiten konstruierbar sind, mit n = 3, 4, 5, 6, 8, 10, 12, 15, 16, 17, 24... bis 65.537, was gleichbedeutend ist mit F_4. Wir unterbrechen hier, um zu erwähnen, dass es eine offensichtliche Anleitung für die Konstruktion des entsprechenden regulären Polygons gibt.

1894 stellte der deutsche Geometer Johann Gustav Hermes (1846–1912) das fast unvorstellbare Konstruktionsverfahren fertig, das mehr als 200 Seiten umfasste. Da er es nicht veröffentlichen konnte, reichte er das Manuskript bei der Universität Göttingen ein und dort liegt es vielleicht für immer, weil es einige gibt, die an der Richtigkeit der Konstruktion zweifeln. Was für eine Enttäuschung, wenn nach so viel Mühe (der britische Geometer H.S.M. Coxeter berechnete, dass die Arbeit den Autor etwa zehn Jahre in Anspruch genommen haben muss) ein Fehler entdeckt wird. Natürlich ist es jedoch unwahrscheinlich, dass jemand weitere zehn Jahre für die Überprüfung aufwenden wird.

Ein wahrer Gentleman

Gaspard Monge (1746–1818) war kein wahrer Gentleman. Er wurde bei wandernden Händlern geboren und wuchs in diesem Milieu auf. Sein Leben drehte sich ganz um Napoleon Bonaparte (1769–1821), dem er auf seiner jugendlichen Expedition nach Ägypten folgte und später nie wieder verließ. Nach seinem Tod verbot die bourbonische Monarchie den Schülern der École de Polytechnique die Teilnahme an seiner Beerdigung. Seine Überreste sind derzeit im Pantheon begraben. Monge war der Schöpfer der deskriptiven Geometrie und einer der wichtigsten Geometer der Geschichte auf seinem Gebiet sowie in der Differentialgeometrie. Ein ganzes Buch könnte über die Ereignisse seines turbulenten Lebens geschrieben werden, aber wir werden uns auf eine Episode beschränken, die seinen Alltag treffend umreißt.

In seiner Jugend besuchte er eine Bar und hörte zufällig einen Gast (von adliger Geburt) über eine Witwe namens Horbon schimpfen, die ihn abgewiesen hatte, und die er in einem Anfall von Rachsucht aller Übel der Welt beschuldigte. Der galante Monge konnte ein solches Vergehen gegen eine abwesende Dame nicht tolerieren und sprach den Adligen an. Dabei blieb es scheinbar nicht, weil sich eine Prügelei entwickelte. Anschließend forderte Monge seinen Gegner formell zu einem Duell heraus, das jedoch nie stattfand. Nach einer Weile hatte Monge das Glück, einer bezaubernden, jungen und schönen Witwe vorgestellt zu werden, in die er sich schließlich verliebte. Die Dame wollte nicht heiraten, bis die Angelegenheiten ihres verstorbenen Mannes vollständig erledigt waren. Sie werden bereits erraten haben, dass es sich bei der fraglichen Witwe um keine andere als Frau Horbon handelte. Sie heirateten 1778 und lebten, wie es im Märchen heißt, glücklich bis ans Ende ihrer Tage. Napoleon verlieh Monge den Titel des Grafen von Péluse. Tatsächlich zitierten Journalisten dieser Zeit die Ehe von Monge als Beispiel für das vorbildliche französische Paar.

Der Satz von Napoleon

Die vielleicht harmloseste Freizeitbeschäftigung von Napoleon Bonaparte bestand darin, Theoreme zu beweisen (das heißt, wenn er nicht gerade Gesetze erließ, Imperien aufbaute oder Schlachten plante). Napoleon war Amateurmathematiker, der nie einen professionellen Standard erreichte, weil er zu sehr damit beschäftigt war, Kriege zu beginnen, wie reichlich bekannt ist. Er fühlte sich sehr wohl inmitten mathematischer Koryphäen – Fourier, Monge, Laplace und viele andere gehörten zu seinem Gefolge –, sehr zur Verzweiflung seiner Generäle, Menschen eines anderen Schlags, deren unmittelbarstes Interesse eher an der Auskundschaftung des Feindes als an neuen geometrischen Konstruktionen mit Lineal und Zirkel lag. Es wird erzählt, dass sein Militärpersonal die Zeit zum Schlafen nutzte, in der der mächtige Korse mit seinen intellektuellen Begleitern sprach. Tatsache ist, dass Napoleon so weit ging, seine Marschälle zum Geometrieunterricht des bekannten Geometers Lorenzo Mascheroni (1750–1800) zu verdonnern. Aber nicht deshalb verdient Napoleon einen Platz im Pantheon der unsterblichen Mathematiker.

Der so genannte Napoleon-Satz, der dem Kaiser zugeschrieben wird, erklärt, dass wenn gleichseitige Dreiecke an den Kanten eines beliebigen Dreiecks konstruiert werden, die Mittelpunkte dieser neuen Dreiecke auch ein gleichseitiges Dreieck bestimmen. Eine Zeichnung wird beim Verständnis dieses attraktiven Ergebnisses helfen, das als elementarer Satz in der euklidischen Geometrie gilt:

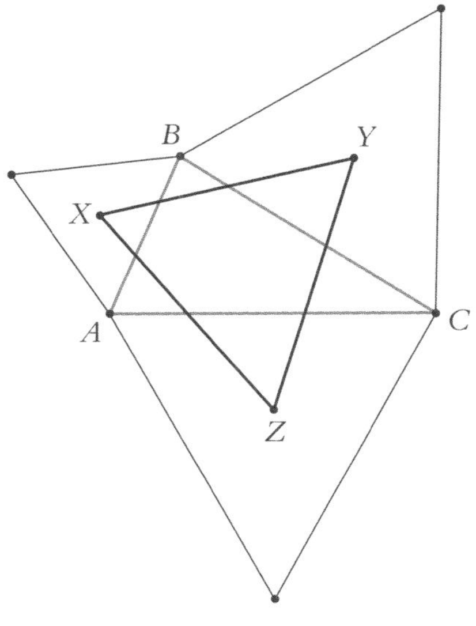

Die Aussage mag aus der napoleonischen Zeit stammen, aber ihr Beweis stammt nach Expertenmeinung nicht von Napoleon. Der Wortlaut des Theorems kann durch mehr als ein Jahrhundert verfolgt werden, „bewiesen" jedoch durch immer wieder andere Protagonisten. Der älteste gefundene Beweis stammt von Dr. W. Rutherford aus dem Jahr 1825, vier Jahre nach dem Tod Napoleons auf Sankt Helena. Napoleon konnte also mit seinem Satz nicht mehr triumphieren. Darüber hinaus veröffentlichte Rutherford seine Lösung in einem jährlichen Kalender, der auf das „schönere Geschlecht" abzielte, *The Ladies' Diary*. Der napoleonische Satz war im letzten Jahrhundert Gegenstand von Generalisierungen. Adriano Barlotti bewies ihn, nicht für gleichseitige Dreiecke, sondern mit regelmäßigen *n*-seitigen Polygonen.

Auf Safari

Heute genießen die Länder der Demokratischen Republik Kongo kein großes Ansehen mehr. Sie sind eines der am wenigsten entwickelten Gebiete auf dem Planeten und eines der blutigsten (und am wenigsten wahrgenommenen) Kriegsgebiete der Welt. Sie sind auch die Heimat des Bakuba-Volks, einem Stamm von Geometern, wo die Gestaltung symmetrischer Streifen von besonderer Bedeutung ist. Die Zeichnungen finden sich auf Masken, den Tüchern, die ihre Köpfe bedecken, auf der königlichen Trommel und sogar auf den dynastischen Statuen. Als vereinbart wurde, die Bakuba in eine Liste der „zivilisierten Völker" aufzunehmen, folgte man einer langen Tradition und überreichte dem König ein Geschenk. Im Falle der Bakuba war dies ein Motorrad, ein wundersames Fahrzeug für einen kongolesischen Stamm Anfang des 20. Jahrhunderts. Die Tradition verlangt, dass die Antwort auf das Geschenk eine Reaktion des Staunens und der Unterwerfung ist. Die Reaktion war jedoch anders als erwartet und es scheint, dass die Geometrie sie dominiert hat. Niemand schenkte dem Motorrad auch nur die geringste Aufmerksamkeit, aber das Volk liebte die Reifenprofile. Die Reifenabdrücke waren symmetrisch und hatten ein interessantes Design, sodass sie kopiert wurden, und der Monarch gab dem Design sogar seinen Namen. Wie wird der Wert von Dingen wirklich gemessen? Gibt es ein universelles Kriterium?

Ein wunderbar chaotischer Geist

Nur wenige Mathematiker haben es auf die Leinwand geschafft. Von denen, die es geschafft haben, ist John Forbes Nash wohl am bekanntesten. Er ist der Protagonist von *A Beautiful Mind*, wurde inmitten seiner mathematischen Glanzzeit psychisch krank, um viele Jahre später geheilt zu werden und rechtzeitig einen Nobelpreis zu erhalten.

John Nash (1928–2015) war nicht nur ein Nobelpreisträger, dessen Leben als Film erzählt wurde, sondern auch ein ausgezeichneter Mathematiker, ein echtes Ausnahmetalent. In Büchern über algebraische Geometrie erscheint er immer als Autor eines Theorems, das seinen Namen trägt und besagt, dass jede Riemannsche Mannigfaltigkeit isometrisch in einen euklidischen Raum eingebettet werden kann. Dieser wichtige Satz wurde 1952 in der Zeitschrift *Annals of Mathematics* unter dem Titel „Real Algebraic Manifolds" veröffentlicht. Die Legende lässt uns glauben, dass der eigentliche Verfasser des Artikels ein ganz anderer war – nämlich der Herausgeber des Magazins –, denn krankheitsbedingt waren Nashs Ideen zu diesem Zeitpunkt so verwirrt, dass das Originalmanuskript völlig undurchschaubar war, für einen Leser nicht nachzuvollziehen, sodass man ihm kaum folgen konnte.

Der Artikel wurde neu geschrieben und veröffentlicht und kam sehr gut an. Allerdings gibt es wohl einige Ungereimtheiten, da Nash erst sechs Jahre später, 1958, Symptome einer Paranoia zu zeigen begann und die Daten nicht ganz übereinstimmen. Wir wissen viel über Nash und es ist alles sehr filmreif, aber die Geschichte über den Artikel ist schwer zu glauben.

John Forbes Nash (Quelle: Peter Badge).

Tagsüber Hausfrau, nachts Geometer

Es scheint nicht normal zu sein, dass eine einfache Hausfrau zwischen dem Kochen von Makkaroni und dem Flicken von Wäsche der Welt zeigt, dass ihre grauen Zellen auf genau dem gleichen Niveau arbeiten wie die des berühmten Hercule Poirot. Genau das tat Marjorie Rice (1923–2017), geschäftige Mutter einer kalifornischen Familie, eine Frau, der Mathematik und Rätsel schon immer große Freude bereitet hatten, und die nach ihrer Heirat begann, erst ihren Kindern bei ihren Mathehausaufgaben zu helfen und dann die Experten zu verblüffen.

Marjorie fiel ein Exemplar von *Scientific American* in die Hände, in dem der berühmte Kolumnist Martin Gardner (1914–2010) die Ergebnisse der konvexen fünfeckigen Flächenaufteilung auf einer Ebene von R.B. Kershner erklärte. Marjorie machte sich in ihrer Freizeig gelegentlich Notizen in der privaten Atmosphäre ihrer Küche und entdeckte in den folgenden zwei Jahren vier konvexe fünfeckige Flächenaufteilungen, die völlig neu waren. Die folgende Zeichnung vermittelt eine Vorstellung von Marjories Ergebnissen:

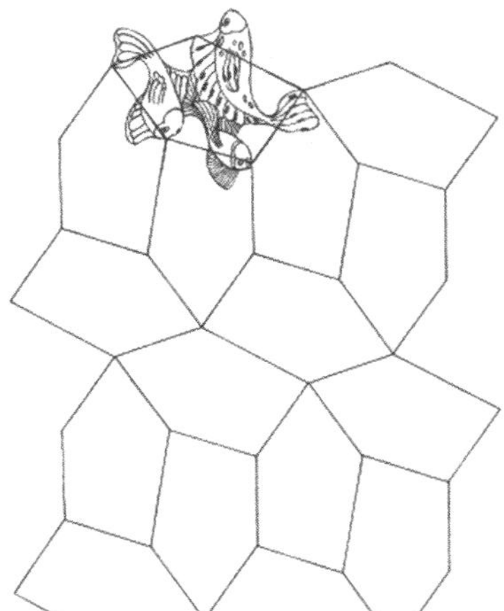

Ein Fragment der fünfeckigen Flächenaufteilung von Marjorie. In jedem Fünfeck wird die Form desjenigen ganz oben wiederholt. Sie heißt „Fische", weil die Ebene vollständig mit Fischen bedeckt ist, sodass sie aussieht wie die berühmten Stiche von Escher.

Dies ist keineswegs das einzige Mal, dass ein „Amateurmathematiker" Interessantes geleistet hat. Man braucht keine großen Titel, um Großes zu leisten.

Das seltsame Genie, das kein Genie mehr sein wollte

Es wurde bereits viel über Alexander Grothendieck (1928–2014) geschrieben, einen staatenlosen Mathematiker deutscher Herkunft, der von vielen als Franzose betrachtet wird. Wenn wir dieses wahre Genie einer Disziplin zuordnen müssten, würden wir ihn unter die Geometer aufnehmen, da seine Beiträge auf dem Gebiet der algebraischen Geometrie grundlegend waren, obwohl sie sehr, sehr schwer zu erklären sind. Auf jeden Fall war die mathematische Welt, in der er arbeitete, so abstrakt, dass es schwierig ist, sie einem bestimmten Bereich zuzuordnen. 1988 hat sich Grothendieck aus der Öffentlichkeit nach Südfrankreich zurückgezogen, isoliert von seinen ehemaligen Kollegen und, wie es scheint, von der Welt an sich.

Seine Geschichte ist ziemlich dramatisch, denn sie erzählt von jüdischen Wurzeln, einer einsamen Kindheit (seine Eltern ließen ihn im Spanischen Bürgerkrieg im Kampf für die republikanische Sache alleine zurück), einem in Auschwitz verstorbenen Vater, einigen umstrittenen Ehen, fanatischem Pazifismus, politischem Radikalismus und, auf der positiven Seite, einem privilegierten Geist, der es ihm immer wieder ermöglichte, enorm fortschrittliche Konzepte und Theorien zu entwickeln. Mehr als ein Dutzend moderner mathematischer Konzepte, einige davon mit bunten Namen (Grothendieck-Schemata, Topologie und Räume, Kinderzeichnungen, kristalline Kohomologie usw.) tragen seinen Handschrift oder sind ihm geschuldet.

Im Jahr 1966 erhielt Grothendieck die Fields-Medaille. Er lehnte sie ab. Er nahm auch 1988 den renommierten Crafoord-Preis nicht entgegen, den Nobelpreis für Disziplinen, die keinen eigenen Nobelpreis haben. In seinen besten Jahren arbeitete er am Institut des Hautes Études Scientifiques in der Nähe von Paris. Er hörte dort auf, als ihm mitgeteilt wurde, dass ein Teil der Mittel aus Quellen stammt, die mit militärischen Organisationen verbunden sind. 1978 erhielt einer seiner Doktoranden, Pierre Deligne (geb. 1944), eine eigene Fields-Medaille, was sehr ungewöhnlich war.

Seine sintflutartigen und verwirrenden Erinnerungen wurden zusammen mit verschiedenen Dokumenten veröffentlicht, die alle enorm umfangreich waren. Der Kontakt mit ihm erfolgte ausschließlich auf dem Korrespondenzweg.

Tony Blair und das Rhinozeros

Es gab große Staatsmänner, die sich amateurhaft mit Mathematik beschäftigten, wie beispielsweise Napoleon und Éamon De Valera. Andere dagegen sind nicht so begeistert von dem Fach. Dies war bei US-Präsident James Garfield (1831–1881) überhaupt nicht der Fall, der während einer besonders langwierigen Legislatursitzung einen neuen Beweis für den Satz von Pythagoras fand. Es gibt jedoch einen ehemaligen Politiker, der besonders unbegabt in Sachen Mathematik ist, wenn man der Geschichte glauben will, die sein Lehrer an der Chorister School in Durham erzählt hat, wo der junge Tony Blair Schüler war. In Blairs Antwort auf eine Frage, die Dreiecke und Rechtecke betraf, erschien merkwürdigerweise das Wort „Rhinozeros". Als Blair dazu befragt wurde, gab er bereitwillig eine Erklärung ab. Blair gab zu, dass das Wort seltsam war, aber er hatte seine Gründe, es zu verwenden: „Ich wollte eigentlich ‚Hippopotamus' schreiben, aber da ich mir nicht sicher war, ob es das richtige Wort war, wollte ich Sie nicht verärgern, und ich verwendete das am nächsten damit übereinstimmende Wort". Was Blair hätte schreiben sollen, war „Hypotenuse". Die sprachliche Verwechslung zwischen den Begriffen „Hippopotamus" und „Hypotenuse" ist ein Klassiker in der Welt der apokryphen mathematischen Anekdoten. Wir haben diese Geschichte hier zitiert, weil es sich um eine bekannte Persönlichkeit des öffentlichen Lebens handelt und weil sie gut dokumentiert ist.

Eine Flasche ohne Außen- oder Innenseite

Wie Kapitän Haddock, Tims Begleiter aus dem Comic „Tim und Struppi", sagen würde, haben alle Flaschen in unserer Welt eine Außenseite oder eine Innenseite. Sie sind leer oder sie enthalten etwas. Oder fast alle, weil es mathematische Flaschen (die unbekannt und nutzlos für Haddock sein dürften) mit sehr seltsamen Eigenschaften gibt. 1882 entwarf der deutsche Mathematiker Felix Klein (1949–1925) eine Flasche, die, wie man sieht, weder Innen noch Außen hat, keine Innenseite und keine Außenseite. Man kann nicht aus ihr trinken, egal wie sehr man sich bemüht.

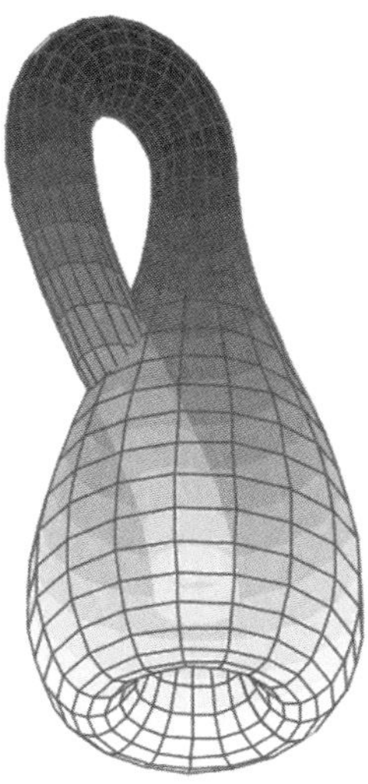

Es ist nicht möglich, sie zu füllen oder zu leeren. Der Leser kann es mit einer gewissen Fantasie versuchen. Es handelt sich dabei um ein Objekt, das in unserem dreidimensionalen Universum leider in sich selbst eindringt. In der vierten Dimension würde es nicht in sich selbst eindringen und es wäre ein durchaus vorstellbares Objekt. Streng geometrisch gesehen ist die Klein-

Flasche eine geschlossene, nicht orientierbare Oberfläche ohne Kanten; sie wird zusammen mit ihrer flachen Schwester, dem Möbiusband, in der Topologie untersucht. Das Interessante an diesem beliebten geometrischen Monstrum ist sein Name, der dem Phänomen der Sprachverwirrung Tribut zollt; es wurde ursprünglich auf Deutsch „Kleinsche Fläche“ genannt, was das Objekt sehr korrekt beschrieb. Wenn jemand eine solche Oberfläche zeichnen möchte (man braucht nur ein Computerprogramm und einen Drucker), kann dies mit der kartesischen Gleichung erfolgen:

$$\left(x^2+y^2+z^2+2y-1\right)\left(x^2+y^2+z^2-2y-1\right)^2-8z^2\;+16xz\left(x^2+y^2+z^2-2y-1\right)=0.$$

Aber auch Mathematiker verwenden nicht immer den richtigen Begriff, und „Kleinsche Fläche“ wurde als „Kleinsche Flasche“ transkribiert. Der Fehler beschreibt die Kleinsche Fläche jedoch so gut, dass der Name in der internationalen wissenschaftlichen Welt übernommen wurde, auch auf Deutsch! Ein großartiges Beispiel für kybernetisches Feedback.

Rund um Kleins Entdeckung ist ein florierendes Geschäft entstanden. Die begehrtesten Artikel sind Wollhüte für kaltes Wetter in Form der Kleinschen Fläche, ebenso wie Kleinsche Weinkaraffen, die fast, aber nicht vollständig, das Eintauchen der Kleinschen Flasche in die dritte Dimension darstellen. Man kann tatsächlich Wein daraus gießen – gerade noch. In der vierten Dimension wäre das nicht möglich (sie können nicht gefüllt werden), aber in der dritten Dimension sind sie so unpraktisch, dass sie eigentlich nutzlos sind.

Kapitel 3

Differential- und Integralrechnung

„Was sind diese Fluxionen? Die Geschwindigkeiten von unendlich kleinen Inkrementen? Und was sind diese Inkremente? Sie sind weder endliche Mengen noch unendlich kleine Mengen noch gar nichts. Wollen wir sie nicht die ‚Geister der vergangenen Mengen' nennen?"

Bischof George Berkeley (1685–1753)

Diese Passage stammt aus dem Buch *The Analyst* (1734), einer großartigen intellektuellen Übung eines anglikanischen Bischofs, die „einem ungläubigen Mathematiker" gewidmet ist (dies scheint sich auf Edmond Halley (1656–1742) bezogen zu haben, den Entdecker des Kometen und berüchtigten Ungläubigen). Das Buch des Bischofs greift die kürzlich entwickelte Newtonsche Infinitesimalrechnung an, die von Halley und der wissenschaftlichen Welt im Allgemeinen so verehrt wurde. Es fordert ihn auf, sich doch nicht den quasimystischen Tricks der Infinitesimalrechnung zuzuwenden, bloß weil er nicht an Gott glaubt, da er die Schriften der heiligen Texte nicht verstehe.

Bischof George Berkeley auf einem Gemälde von John Smybert.

Jahre vergingen (oder besser gesagt, Jahrhunderte) und das Gebäude der Infinitesimalrechnung untermauerte seine Glaubwürdigkeit, basierend auf Strenge und präziseren Definitionen, die weniger intuitiv waren. Das bedeutet nicht, dass Berkeley, ein ausgezeichneter empirischer Philosoph (der berühmte US-Universitätscampus trägt seinen Namen), ignoriert werden sollte, sondern dass er für seine fundierte und gut begründete Kritik respektiert werden sollte.

Die von Newton und Leibniz erdachten Werkzeuge ebneten den Weg und verursachten viele Situationen, die wir anekdotisch nennen würden; hier haben wir einige von ihnen gesammelt.

Vermutungen, Sätze und Newton

Offensichtlich ist eine Vermutung nicht dasselbe wie ein Satz. Wenn eine Vermutung bewiesen ist, erwirbt sie die Bezeichnung als Satz. Dem wurde im Lauf der Jahre wenig Aufmerksamkeit geschenkt.

Nehmen wir zum Beispiel Johannes Kepler (1571–1630). Wir alle haben ehrfürchtig über Keplers Gesetze gestaunt, schließlich handelt es sich um empirische Schlussfolgerungen, die auf Datentabellen von Tycho Brahe (1546–1601) basieren. Sie sind zweifellos brillant, wurden der wissenschaftlichen Welt offenbart und allmählich von ihr akzeptiert, aber es gab keinerlei mathematischen Beweis dafür. Keplers drei Gesetze schienen die Bewegung der Himmelskörper zu erklären, etwas, womit er die Astronomen seiner Zeit Schritt für Schritt überzeugte. Aber aus der Perspektive unseres heutigen Wissens können wir sagen, dass es nur drei brillante Vermutungen waren, nicht dass es drei wahre mathematische Aussagen oder Sätze waren.

Es folgte Isaac Newton (1643–1727), und mehr als ein halbes Jahrhundert später brachte er Licht in diese Angelegenheit. Es war Newton, der durch die Anwendung der Grundgesetze der Infinitesimal- und Integralrechnung auf die Mechanik die drei Gesetze Keplers aus der grundlegenden Hypothese — dem inversen Quadratgesetz – ableitete. Dieses Gesetz besagt, dass zwei Körper von einer Kraft angezogen werden, die direkt proportional zum Produkt ihrer Massen und umgekehrt proportional zum Quadrat der Entfernung ist, die sie trennt. Und wenn wir von Newton sprechen, einer Koryphäe des Denkens, der immer ein wenig kalt und distanziert gewesen sein soll, dann gibt es hier eine Geschichte über ihn, die eindeutig apokryph ist, ihn aber auch ein wenig menschlicher macht. Newton hatte einen Hund namens Diamond (wirklich!), dem er scherzhaft mathematische Fähigkeiten zuschrieb. In einem Gespräch mit Wallis scherzte er: „Heute hat Diamond noch vor dem Mittagessen zwei Sätze bewiesen." Wallis antwortete: „Dein Hund muss ein Genie sein." Newtons Antwort: „Oh, so weit würde ich nicht gehen. Der erste Satz hatte einen Fehler und der zweite eine pathologische Ausnahme."[1]

1 In der Mathematik ist eine „pathologische Ausnahme" so anormal, dass sie allein den wissenschaftlichen (und ästhetischen) Wert eines allgemeinen Prinzips mindert, das ansonsten gilt.

Wer bestellt, zahlt

Eines Tages im Jahr 1684 unterhielten sich Edmond Halley, Sir Christopher Wren (1632–1723), der Architekt, der die St. Paul's Cathedral in London entwarf, und Robert Hooke (1635–1703), der unter anderem das Wort „Zelle" prägte, nach einem Treffen in der Royal Society in einem Café. Sie diskutierten, welche Kurvenform ein von der Sonne angezogener Planet mit einer Kraft beschreiben würde, die umgekehrt proportional zum Quadrat seiner Entfernung zum Anziehungspunkt war. Wren setzte sogar eine finanzielle Belohnung für denjenigen aus, der dies beweisen konnte. Hooke sagte, es sei eine Ellipse, aber er hat es nie wirklich bewiesen. Das Treffen wurde vertagt.

Kurz darauf besuchte Halley seinen Freund Newton und mitten im Gespräch fragte er ihn, wie die Kurve aussehen würde. „Elliptisch", antwortete Newton sofort und völlig sicher. „Wie kannst du dir da so sicher sein?", sagte Halley. „Weil ich es berechnet habe", kam die Antwort. Halley musste sein Glück geahnt haben, denn Newton war nicht der Typ, der solche Bemerkungen ohne Grund fallenließ. Der Beweis stand nicht in den Papieren, die Newton gerade zur Hand hatte, weil es eine Weile her war, dass er diese Berechnungen durchgeführt hatte! Kurz, er hat sie wiederholt. Ermutigt durch Halley, schrieb Newton, was er aus dem Gesetz der umgekehrten Quadrate abgeleitet hatte, eins führte zum anderen, und nach 18 Monaten war die *Philosophiæ naturalis principia mathematica*, allgemein bekannt als *Principia*, geboren; ein Werk, das für unser Verständnis des Universums grundlegend ist. Newton trug die Schwerkraft, das Gesetz der inversen Quadrate, Ellipsen und die Grundlagen der Infinitesimalrechnung bei. Und er brachte all dies und noch viel mehr in drei dicken Bänden unter. Schon nach wenigen Monaten gab es Wissenschaftler, die von dieser Pracht und Weisheit zu Tränen gerührt waren. All dies stammte von Newton, der nicht das Geld hatte, um das Buch verlegen zu lassen, und der es auf Halleys Vorschlag geschrieben hatte. Was glauben Sie, wer hat für Newtons Buch aus eigener Tasche bezahlt? Halley natürlich!

Mathematiker und Astronom Edmond Halley berechnete als erster die Bahn eines Kometen, der heute seinen Namen trägt.

Halley ist der breiten Öffentlichkeit als die Person bekannt, die die Bahn des Kometen berechnet hat, der seinen Namen trägt. Der Halleysche Komet ist ein wiederkehrender Komet, der alle 75-76 Jahre erscheint und mit bloßem Auge sichtbar ist. Halley sah ihn 1682 und anhand von Daten aus der Beobachtung, der Newtonschen Mechanik und seiner eigenen kühnen Intuition kam er zu dem Schluss, dass der 1531 von Petrus Apianus und 1607 von Kepler beobachtete Komet derselbe gewesen sein musste, den er nun mit eigenen Augen gesehen hatte. Halley machte seine erste Beobachtung 1682, sodass der Komet, sollte er Recht haben, 1758 zum nächsten Mal erscheinen müsste. Das war eine lange Zeit, wenn man bedenkt, dass Halley kein junger Mann mehr war, und in der Tat, als der Komet pünktlich und nach Halleys Berechnungen zurückkam, war Halley bereits 16 Jahre tot. Es ist ungewiss, was die größere Leistung gewesen wäre, 102 Jahre alt zu werden oder seine Vorhersage bestätigen zu können.

Der geltungssüchtige Graf

Die folgende Geschichte zeigt wieder einmal, wie gerne mit Geld geprahlt wird. Es beginnt mit den Bernoullis, einer Schweizer Familie, der wir später noch einige Zeilen widmen werden, und mit dem Marquis de l'Hôpital (der Marquis hat seinen Nachnamen „Hospital" geschrieben). Sein vollständiger Name lautete Guillaume François Antoine de l'Hospital, Marquis von Sainte-Mesme und Conde d'Entremont

(1661–1704) und er hatte einen scheinbar peinlichen Vorfall mit der oben genannten Mathematikerfamilie.

Der Marquis war ein ausgezeichneter Mathematiker, in dieser Hinsicht können wir ihm nichts vorwerfen. Da er viel Geld hatte, wollte er es für die Mathematik zur Verfügung stellen und vielleicht auch, um seinem guten Namen zu dienen, und so bezahlte er den brillanten Johann Bernoulli für die Rechte (wie der Historiker William Dunham es höhnisch beschreibt) an seinen Entdeckungen. Heutzutage klingt das schrecklich, aber für Johann und den Grafen kann es nicht so schlimm gewesen sein. Johann Bernoullis Forschung erschien 1696 unter dem Titel *Analyse des Infiniment Petits pour l'Intelligence des Lignes Courbes* – das Einzige, was der Graf zu dem Buch beigetragen hatte, so Dunham. Der Text war sehr gut und wurde gut aufgenommen. 1704, nach dem Tod von l'Hôpital, enthüllte Bernoulli die Wahrheit. Allerdings wurde seine (richtige) Theorie nicht von allen geglaubt. Bernoullis Tricks waren ziemlich bekannt und Johanns Ruf eher zweifelhaft.

Im Jahr 1921 wurden Unterlagen gefunden, die darauf hindeuteten, dass Johann wirklich für die meisten Entdeckungen verantwortlich war, aber dennoch ist nicht klar, ob der Marquis unangemessene Anerkennung suchte: Erstens war l'Hôpital tatsächlich ein qualifizierter Mathematiker; zweitens wurde das Buch anonym veröffentlicht, ohne die Autorschaft zu erwähnen; und drittens erwähnt der Prolog Johann ausführlich und dankt ihm für seinen Beitrag. Vielleicht wollte der Marquis einfach nur, dass das gesamte mathematische Wissen für alle zugänglich wird.

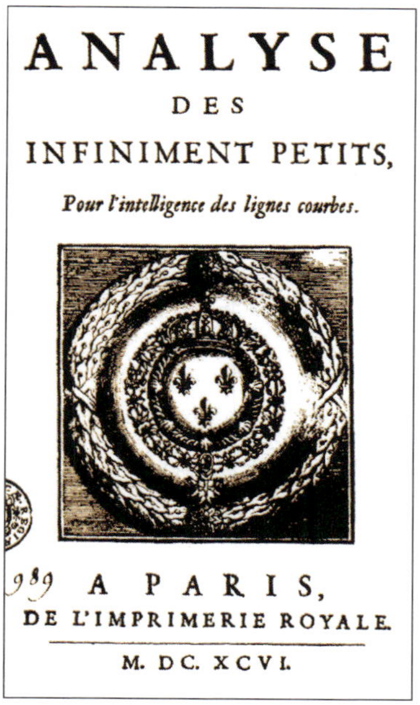
ANALYSE DES INFINIMENT PETITS, Pour l'intelligence des lignes courbes.

A PARIS, DE L'IMPRIMERIE ROYALE.

M. DC. XCVI.

Titelblatt der ersten Ausgabe des berühmtesten Texts des Marquis de l'Hôpital.

Und wenn wir schon dabei sind, wollen wir auch der Familie Bernoulli ein paar Zeilen widmen. Die ersten Bernoullis waren Jakob (1654–1705) und Johann (1667–1748); später setzte sich die Bernoulli-Dynastie mit dem Sohn von Johann, Daniel Bernoulli (1700–1782) und dem Neffen Nicolaus Bernoulli (1687–1759) fort, beides ebenfalls bedeutende Mathematiker. Aber das war noch nicht alles. Bis 1807 gab es nicht weniger als neun

Bernoullis, allesamt namhafte Wissenschaftler. Die Familie Bernoulli ist das wissenschaftliche Äquivalent zur Familie Bach in der Musik. Ein Unterschied wäre, dass es zwischen einigen Mitgliedern der Familie eher schlechtere Beziehungen gab. Einige ihrer Streitigkeiten sind legendär geworden, als beispielsweise Johann seinem eigenen Sohn Daniel einen Teil seiner Forschungsergebnisse in der Hydrodynamik stahl. Dinge, die uns die Eifersucht tun lässt!

Das Integral des Müllers

„Amateurmathematiker" haben die Menschen schon immer fasziniert. Amateure gehen selten einen konventionellen Weg, während sie ihr überraschendes Wissen erwerben. Häufig sind sie ungewöhnlich talentiert, wie der Pole Stefan Banach (1892–1945) oder der Inder Srinivasa Ramanujan, um zwei Beispiele für nicht direkt in Mathematik geschulte Köpfe zu nennen, die dennoch den höchsten Gipfel des Intellekts erreicht haben. Der König der Amateure jedoch könnte Pierre de Fermat (1601–1665) sein, ein Anwalt, der arithmetische Bücher las, deren Randspalten leider zu schmal waren, um alle seine Beweise aufzunehmen.

Ein gutes Beispiel für einen autodidaktischen Wissenschaftler ist außerdem George Green (1793–1841), der sein mathematisches Wissen in der akademischen Einsamkeit erworben hat. Er hatte außerdem eine höchst ungewöhnliche Eigenschaft. In seiner damaligen Heimat England war es verpönt, die Ideen hinter der Infinitesimalrechnung von Leibniz – aus Kontinentaleuropa – denen des heimischen und geradezu verehrten Newtons vorzuziehen. Aber genau das können wir dem Werk von Green entnehmen, nämlich dass er zweifellos lieber die transparente Leibniz-Notation als die undurchschaubarere Newtonsche Version verwendete.

Dennoch ist der berufliche Hintergrund von Green wirklich überraschend: Er war Müller. Als Sohn eines wohlhabenden Bäckers wagte Green es nicht, sich an der Cambridge University einzuschreiben, bis er 40 Jahre alt war, obwohl er allseits dazu ermutigt wurde. Seine Arbeit hat den so genannten Satz von Green hervorgebracht (den der Russe Michail Ostrogradski (1801–1861) unabhängig bewies), mit Auswirkungen, die schließlich zu der Differential- und Integralrechnung führten, wie wir sie heute benutzen.

$$\int_C (L\,dx + M\,dy) = \int\int_D \left[\frac{\partial M}{\partial x} - \frac{\partial L}{\partial y}\right] dx\,dy.$$

Seine Arbeit führte sogar zu erheblichen Fortschritten in der Quantenmechanik, einem Bereich, der für ihn unvorstellbar war. Green gelang es, aus Laplaces *Mécanique céleste* eine umfassende mathematische Theorie für Elektrizität abzuleiten. Wir sollten nicht auslassen, dass man sagt, Green hätte in seinen späteren Jahren viel getrunken. Dieser Müller (die Mühle ist jetzt ein Museum) muss doch ein ziemlich gewöhnlicher Kerl gewesen sein.

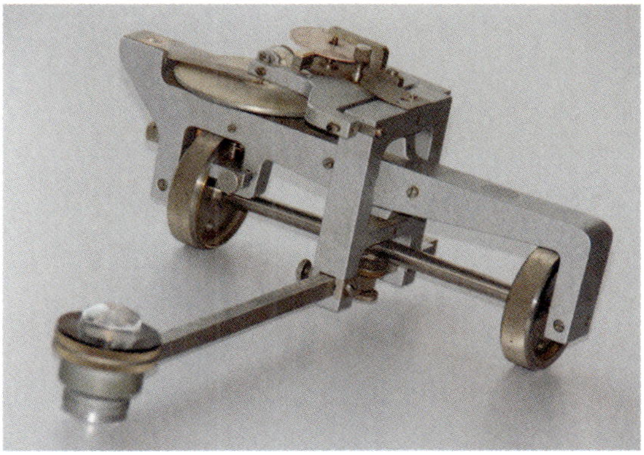

Eine der realen Anwendungen des Satzes von Green ist das Planimeter, ein Instrument, das die Fläche misst, die durch eine irreguläre Form beschrieben wird, indem sie ihren Umfang verfolgt.

Flächen aus Seifenwasser

Der belgische Physiker Joseph Plateau (1801–1883) war ein großer Experimentator, der viele Informationen über die Funktionsweise der Netzhaut und die Persistenz des Sehens in die Wissenschaft einbrachte. Wir verdanken Plateau das Phänakistoskop. Heute sind wir so sehr an das Kino gewöhnt, dass Plateaus Erfindungen und ihre Ableitungen in die Freizeitphysik verbannt wurden, aber letztlich waren sie die Grundlagen des Kinos.

Das Phänakistoskop war die erste bekannte Anwendung der Persistenz von Bildern im Auge. Die Figuren auf dem Phänakistoskop scheinen sich zu bewegen, wenn sich die Scheibe dreht.

All dies hätte wenig mit Mathematik zu tun, hätte Plateau nicht fast beiläufig Experimente mit ölbasierten Substanzen durchgeführt, die Beobachtungen über Oberflächenspannung und Flächen aus Seifenwasser lieferten. Wenn eine gebogene Struktur, die den Umriss einer Oberfläche darstellt (z. B. ein Draht, der gebogen wurde, um ihren Rand oder ihre Begrenzung darzustellen), in eine Seifenflüssigkeit eingetaucht wird, breitet sich ein Seifenfilm mit einer minimalen Oberfläche über die Form aus. Mit anderen Worten, die Seifenoberfläche, die durch das Eintauchen des Drahtss gebildet wird, ist die minimale Oberfläche, die durch den Draht begrenzt wird. Hier haben wir die Mathematik der Materie. Die Suche nach einer minimalen Oberfläche mit den Mitteln der Infinitesimalrechnung (Variationsrechnung, partielle Ableitungen erster Ordnung usw.) ist sehr kompliziert, manchmal unmöglich. Eine physikalische Lösung zu finden, erfordert nur Wasser und Seife. Das ist der beachtliche Beitrag von Plateau.

Die minimale Oberfläche zwischen zwei Ringen erweist sich als ein Katenoid, nicht als gerader Zylinder, wie dieses Experiment mit Seifenfilm zeigt.

Die Geschichte von Plateaus Leben ist wirklich anekdotenreich. Viele bezeichnen ihn als „Märtyrer der Wissenschaft“. Im Laufe eines seiner Experimente 1829 beobachtete er die Sonne mit bloßem Auge 25 Sekunden lang und erblindete. Diese Erfahrung war in jeder Hinsicht völlig töricht, deshalb wird Plateau gerne als Mensch dargestellt, der alles für die Wissenschaft gibt, sogar sein Sehvermögen. Die realistischere Nachwelt hat festgestellt, dass Plateau zwar geblendet war, aber seine Blindheit vorübergehend war und er nach einer Weile sein Augenlicht zurückerlangte. Jahre später, 1843, begann er wieder zu erblinden (diesmal aus unbekannten Gründen) und er starb viele Jahre später, wobei er seine Studien nie eingestellt hatte, auch nachdem er seine Sehkraft verloren hatte.

Die Entdeckung Neptuns

Der Planet Neptun wurde 1846 entdeckt. Diese Entdeckung stellte einen wirklich außergewöhnlichen Triumph für die Infinitesimalrechnung dar. Man kann sagen, diese Entdeckung fand umgekehrt zum normalen Verlauf solcher Ereignisse statt. Das Ganze begann mit Störungen in der Bewegung des Uranus. Der Planet befand sich bei der Beobachtung nicht genau an den erwarteten Orten, was auf die Existenz eines nicht identifizierten Objekts hindeuten könnte, dessen Schwerkraft seine Bewegung störte. Die ganze Geschichte von Neptun spielte die englische und französische Wissenschaftsgemeinschaft gegeneinander aus. Der Kampf breitete sich auch über ihre Grenzen hinaus aus, wobei angesehene Wissenschaftler sich echauffierten und Fachzeitschriften aufrührerische Artikel und Erklärungen veröffentlichten. Die Entdeckung wurde Urbain de Le Verrier (1811–1877) zugeschrieben, dem Direktor der Sternwarte in Paris, sowie dem jungen englischen Astronomen John Couch Adams (1819–1892), einem Mann, der mit der Zeit noch sehr berühmt werden sollte.

Ursprünglich wurde angenommen, Le Verrier sei der erste gewesen, und der von Adams erhobene Anspruch wurde eher beargwöhnt. Die Geschichtsschreibung bewies jedoch später, dass der Engländer tatsächlich um Haaresbreite vorn gelegen hatte. Tatsächlich erfolgten die Entdeckungen von Le Verrier und Adams unabhängig voneinander, und keiner von ihnen wusste von der Arbeit des anderen. Beide Astronomen hatten es auch schwer, ihre Kollegen davon zu überzeugen, tatsächlich immer wieder nachzusehen, wo sich der Planet befinden könnte. Es stimmt jedoch, dass es sich dabei um eine Arbeit auf einem beeindruckenden mathematischen Niveau mit enormen, extrem langen und komplizierten Berechnungen handelte. Es gab bereits einen Präzedenzfall für einen unblutigen Krieg zwischen Großbritannien und dem Kontinent aufgrund des Newton-Leibniz-Streits über die Entdeckung der Infinitesimalrechnung, sodass die Kontroverse von Le Verrier und Adams nichts anderes war als eine Wiederholung der vorherigen Auseinandersetzung. Es gab in beiden Fällen keinen Grund zum Streiten, aber natürlich ist es viel spannender, aufeinander loszugehen als auf Augenhöhe zu bleiben.

Die Absichten von Le Verrier sorgten dafür, dass das Ganze einen lustigen Aspekt bekommt. Durch seinen Vertreter François Arago (1786–1853) versuchte er, den neuen Planeten nicht Neptun nennen zu lassen, sondern ihm dem Namen seines vermeintlichen französischen Entdeckers (also seines eigenen) zu geben, was von der französischen Akademie der Wissenschaften auch angekündigt wurde. Natürlich wurde dieses Ansinnen allgemein abgelehnt und trotz des Beharrens der französischen Wissenschaft wurde der mythologische Name des römischen Meeresgottes Neptun international übernommen. Heute identifizieren wir den Planeten Neptun mit einem stilisierten Dreizack, seinem astronomischen Symbol.

Französischer Stich, der zeigt, wie der Astronom Adams (links) versucht, das Buch der Entdeckungen von Le Verrier auszuspionieren.

Gesunder Menschenverstand und die Mathematik

Es gibt Tausende von Geschichten über Thomas Alva Edison (1847–1931), die größtenteils jedoch zweifelhaft sind. Dies könnte auch für diese Anekdote zutreffen, aber sie ist in mehreren zuverlässigen Quellen zu finden. Es geht hierbei um einen Mathematiker aus Princeton namens Upton, den Edison angestellt hatte, um in seinen Labors auszuhelfen. Vergessen wir nicht, dass Edison hauptsächlich Autodidakt war und nie formell Ingenieurwesen studiert hat, die Studienrichtung, in die seine technologischen Beiträge am besten passen. Er selbst konnte keine komplizierten Berechnungen durchführen und brauchte qualifizierte Fachleute, die für ihn arbeiteten. Einmal ließ Edison Upton das Volumen einer birnenförmigen Glühbirne berechnen. Upton, bewaffnet mit Papier und den mathematischen Instrumenten der Integralrechnung, machte sich an die Arbeit. Die Tage vergingen, aber Uptons Rechenorgie ging weiter. Edison wurde ungeduldig und dann offenbarte er sein praktisches Genie in all seiner Pracht: Er nahm die Glühbirne, füllte sie mit Wasser und überreichte sie Upton mit den Worten: „Messen Sie das Volumen des Wassers und schon haben Sie es“. Alles klar!

Die Bedeutung des Namens Taylor

Es war einmal … eine Reihenerweiterung, die ein Leben rettete. Der Physiker und Mathematiker Igor Tamm (1895–1971), der 1958 den Nobelpreis für Physik erhielt, war zu den stürmischen Zeiten der 1917 beginnenden russischen Revolution, bei der Kommunisten und Nichtkommunisten um die Macht kämpften, noch nicht sehr bekannt. Getrieben von Hunger, verließ Igor die relative Sicherheit der Stadt Odessa und machte sich im Umland auf die Suche nach Lebensmitteln. Leider griff ihn eine der vielen bewaffneten Gruppen auf, die damals unterwegs waren, und beschuldigte ihn, ein kommunistischer Hetzer zu sein. Tamm zitterte vor Angst, weil er eine standrechtliche Hinrichtung erwartete, wurde jedoch zum Anführer der Gruppe gebracht. Diesem erklärte er, dass er einfach nur ein schlechter Mathematiker auf der Suche nach Lebensmitteln sei.

Sein Vernehmer begann gelangweilt mit seinen Waffen zu spielen und zeigte klare Anzeichen des Zweifels. „Okay“, sagte er, „wenn das, was du sagst, wahr ist, lassen wir dich am Leben. Andernfalls bist du ein toter Mann. Wir können das ganz einfach herausfinden: Berechne für mich jetzt den Fehler, wenn du anstelle einer $f(x)$-Funktion ihre Taylor-Reihe verwendest, bis zum n-ten Term“. Die Frage war nicht allzu schwierig, wie jeder Student der Analysis bezeugen würde, aber sie kam völlig unerwartet von den Lippen eines straffälligen Gesetzlosen, unabhängig von seiner Position in der Gruppe. Tamm zitterte und beeilte sich, die Antwort mit dem Finger in den Staub auf dem Boden zu kritzeln. Der Anführer rückte sein Holster gerade und sah sich Tamms Antwort an. „Das stimmt. Du lügst nicht. Du kannst gehen.“ Sie sahen ihn nie wieder.

Ein einfacher Pole, Sir

Das bemerkenswerteste Charakteristikum von Mark Kac (1914–1984) war, dass er ein Genie in der Wahrscheinlichkeitstheorie war. Das zweite, weniger bekannt als das vorherige, dass er Pole war. Wie Kac selbst erzählte, hatte er es einmal mit einem untalentierten Schüler zu tun. Als er ihn nach dem Verhalten der Funktion

$$f(x) = \frac{1}{x}$$

aus dem Bereich der komplexen Zahlen fragte, war die unbeholfene Antwort des Schülers, dass es sich um eine analytische Funktion handelte (was fast trivial ist) und dass sie eine Besonderheit für $x = 0$ hat. „Und wie heißt diese Besonderheit?“, fragte Kac. Es war offensichtlich, dass der Student es nicht wusste, und Kac hatte Mitleid mit ihm. „Sieh mich an, was bin ich?“ Der Schüler nahm sich ein Herz und sagte: „Ein einfacher Pole, Sir.“ Der Begriff für „Pole“ ist im Englischen derselbe wie der Begriff für einen polaren Extremwert („pole“ heißt „Pol“). Und das ist genau die richtige Antwort: Die Funktion $f(x) = 1/x$ hat eine Besonderheit, die als Pol bezeichnet wird, für $x = 0$. Ein einfacher Pol.

Kapitel 4

Alles andere

„Statistik ist eine Wissenschaft, die mir mitteilt, dass wenn mein Nachbar zwei Autos hat und ich keines, wir beide eines haben."
Bernard Shaw

Die Mathematik, die wir in der Schule gelernt haben, wurde als grundlegend angesehen: Arithmetik, Geometrie und elementare Algebra sowie Analysis. Auf den ersten Blick schien das auszureichen. Heute gilt das nicht mehr. Es ist sehr schwierig, in der Welt zurechtzukommen, ohne etwas über Statistik, Programmierung und elektronische Datenverarbeitung zu wissen. Wir wissen nicht, was in 50 Jahren in den Schulen gelehrt werden wird, aber es wird sicherlich nicht mehr das sein, was es heute ist, weder in Bezug auf den Inhalt noch auf den Umfang. „Wenn *alles* bleiben soll, wie es ist, *muss* sich *alles ändern*", schrieb Lampedusa – und er hatte Recht.

Was daraus folgt, sind faszinierende Fragmente der Mathematik, die nicht in die traditionellen Disziplinen eingeordnet werden können. Wir werden Platz schaffen für lineare Programmierung, Astrophysik, Strömungsmechanik, Mengenlehre und Computertheorie. Wir werden die Tür zur Zukunft öffnen.

Die Nasen von Tycho

Das Leben war gut zu Tycho Brahe (1546–1601). Er war ein Astronom von großer moralischer und intellektueller Bandbreite, ein hochmütiger Mann mit Sinn für Humor, und sein Assistent war kein Geringerer als Johannes Kepler (1571–1630). Tychos Leidenschaft war himmelhoch und die Präzision seiner Messungen von Himmelsobjekten war legendär. Als Kepler viele Jahre später bemerkte, dass die Kreisbahnen der Planeten nicht zu Tychos Zahlen passten, glaubte er lieber an das Ergebnis von Tycho – und das zu Recht, denn die elliptischen Bahnen stimmten mit den Zahlen überein, die sich am Ende durchsetzten.

Als er 19 Jahre alt war, führte Tychos Arroganz dazu, dass er mit einem jungen diplomatischen Adligen aneinandergeriet: Manderupius Pasbergius oder Manderup Parsberg (1546–1625), der heute fast vergessen ist. Die Diskussion intensivierte sich, beide Parteien bauten immer mehr Druck auf und die Auseinandersetzung endete in einem Duell.

Während des Kampfes schnitt Manderupius Tychos Nase durch. Die Geschichte sagt uns, dass Tycho Brahes Karriere als Astronom dadurch nicht im Geringsten beeinträchtigt wurde. Er ließ zwei prothetische Nasen anfertigen, eine aus Bronze und Kitt und die andere (angeblich für offizielle Anlässe) aus Gold und Silber. Die künstlichen Nasen beeinträchtigten ihn nur, wenn er nieste, da sie dann immer herunterfielen.

Tycho arbeitete bis zu seinem Tod. Lange Zeit nahm man ein Nierenleiden als Ursache an, da er während eines Banketts viel Wein trank und aus Höflichkeit den Tisch so lange nicht zum Wasserlassen verließ, bis das Bankett beendet war. 1996 wurden die Überreste aus seinem Grab analysiert und hohe Quecksilberkonzentrationen gefunden. Eine neuere Studie der Universität Aarhus aus dem Jahr 2012 lässt jedoch Zweifel daran aufkommen, dass Tycho vergiftet wurde. Mord? Alchemie? Medizin? Niemand weiß es.

Tycho Brahe (Ausschnitt aus einer Bildtafel des Himmelsatlas von Andrea Cellarius, 1660).

Galileische Kryptographie

Nur wenige Wissenschaftler haben mehr für das moderne Denken getan als Galileo Galilei (1564–1642) oder Johannes Kepler, aber ihre Erklärungen waren nicht immer korrekt. Insbesondere, als Galilei 1610 den Planeten Saturn durch die Linse seines (für die damalige Zeit) prächtigen Teleskops beobachtete. Er erkannte, dass um den Planeten herum etwas Seltsames passiert sein musste. Konnte es sein, dass Saturn Ohren hatte? Denn was könnten diese „Schleifen" um den Planeten sonst noch sein? Satelliten? Später identifizierte Galileo selbst die Protuberanzen als die berühmten Ringe.

Um seine Vorrangstellung im Falle einer hypothetischen Entdeckung zu sichern, erzählte er von dem Fund in einem Brief an Kepler in Form eines Kryptogramms (der genaue Begriff ist „Logogramm"). Das war damals sehr verbreitet und wurde benutzt, um etwas Geheimes zu sagen, ohne jedoch Hinweise auf das Thema zu geben. Galileo schrieb also an Kepler

smaismrmilmepoetaleumibunenugttauiras

und überließ ihm die Entschlüsselung. Die Herausforderung besteht natürlich darin, diesem Gewirr aus Buchstaben eine verständliche Botschaft zu entnehmen. Die Buchstaben sind dieselben wie im eigentlichen Satz, aber in anderer Reihenfolge. Nach einigem Aufwand und verschiedenen mathematisch-astronomischen Hinweisen leitete Kepler die folgende Bedeutung des Kryptogramms ab:

Salve umbistineum geminatum Martia proles.

Auf Deutsch bedeutet dies so viel wie „Seid gegrüßt, doppelter Knauf, Kinder des Mars". Der entschlüsselte Satz ist einen Buchstaben länger, als er sein sollte, aber Kepler achtete nicht besonders darauf, da die angeblich entschlüsselte Nachricht mit seinen eigenen Entdeckungen übereinstimmte. Wie vermutet (denn wenn er Recht gehabt hätte, dann gäbe es keinen Grund, diese Anekdote zu erzählen), hat Kepler die Nachricht falsch entschlüsselt, weil Galileo sagen wollte:

Altissimum planetam tergeminum observavi.

Dies bedeutet übersetzt: „Ich sah den äußersten Planeten dreifach." Der äußerste Planet war damals der Name für Saturn. Sie erkennen die Diskrepanz zwischen dem entzifferten Satz und dem eigentlichen Satz, woraus wir schließen können, dass jeder die Botschaft entziffert, wie es ihm am besten passt.

Ein polyhedraler Raum

Der Astronom, Mathematiker und Astrologe Johannes Kepler war ein Produkt seiner Zeit, ein Mann, der manchmal moderner Visionär, manchmal aber noch vom dunkelsten Mittelalter geprägt war. Eine seiner seltsamsten, aber am weitesten verbreiteten Visionen war sein Glaube, dass die Umlaufbahnen der Planeten den Kugeln entsprachen, wie sie sich in die regulären Polyeder einschreiben und diese umschreiben. Kepler entwickelte das Thema in seinem *Mysterium cosmographicum*, einem Werk, das diese extravaganten, aber dekorativen Ideen enthält und dessen Illustrationen sich auf regelmäßige Polyeder – auch platonische Körper genannt – konzentrieren.

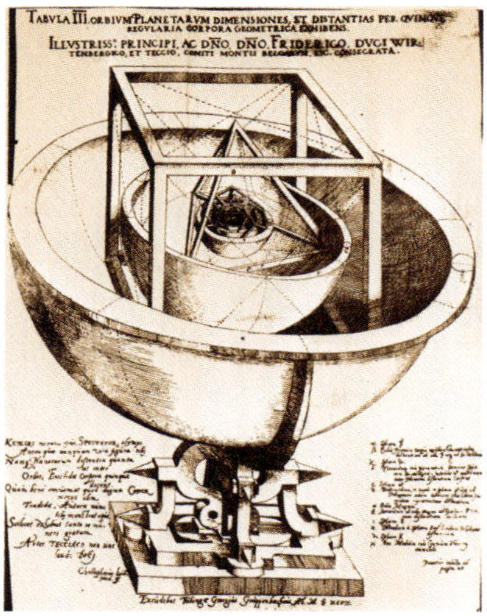

Diese Polyeder, die Kepler so sehr liebte und die er im Detail studierte, waren bereits in der Antike von Platon beschrieben worden, der ihnen magische Eigenschaften zuschrieb. Jede der dreieckigen oder quadratischen Flächen (Tetraeder, Oktaeder, Ikosaeder und Hexaeder oder Würfel) war einem der Stoffe zugeordnet, aus denen sich die Materie zusammensetzte: Erde, Luft, Feuer und Wasser. Das Dodekaeder, das Polyeder mit zwölf fünfeckigen Flächen, war mit dem fünften Element oder einer so genannten „Quintessenz" verbunden, die der Bildung der Himmelskörper vorbehalten war. Dies waren mittelalterliche Vorstellungen, die später von der Wissenschaft überwunden wurden. Die berühmte Quintessenz wurde ins Reich der Märchen verbannt und das Dodekaeder wurde einfach zu einem weiteren Polyeder.

Aber im Jahr 2003 rückte ein etwas mystischer, astrophysikalischer Artikel von Jean-Pierre Luminet (geb. 1951) unser vergessenes Dodekaeder zurück ins Interesse. Die Daten des WMAP-Satelliten (Wilkinson Microwave Anisotropy Probe) wurden von Luminet und seinem Team als Hinweis auf die Tatsache interpretiert, dass der Weltraum eine positive Krümmung aufweist und seine Topologie der des dodekaedrischen Raums von Poincaré entspricht. In der zweiten Dimension (die für unsere Sinne als dreidimensional wahrnehmbar ist) kann dies als eine mit zwölf Fünfecken „gepflasterte" Kugel dargestellt werden. Einige Jahre später erscheint diese geometrische Struktur von Luminet noch zweifelhafter, aber immerhin ist sie nicht weniger schön als die von Kepler.

Kaufmann und Statistiker

Man ist sich darüber einig, dass der Engländer John Graunt (1620–1674) als Begründer der Wissenschaft der Statistik gilt. Tatsächlich arbeitete Graunt morgens schon sehr früh und emsig und sammelte die grausamen Zahlen der Todesfälle (und ihrer Ursachen) in Tabellen, die jede Woche von den Kirchendienern der Gemeinde veröffentlicht wurden. Vielleicht um die Dinge auszugleichen, erfasste er auch Taufen. Er sammelte Teildaten und brachte sie in eine globale und aussagekräftige Form mit einem größeren Umfang. 1662 veröffentlichte er die Broschüre *Natural and Political Observations Made upon the Bills of Mortality*, was seinen Ruhm festigen sollte.

Der Grund für Graunts frühes Aufstehen war leicht zu erklären. Er war ein einfacher Ladenbesitzer und musste sich um die Belange seines Unternehmens kümmern, das übrigens ein Kurzwarenladen war. Bis dahin war es für einen Ladenbesitzer unerhört, ein Doppelleben zu führen, so sehr, dass Charles II. selbst intervenierte und verfügte, dass fortan niemand mehr einen Händler daran hindern sollte, vergleichbare Arbeiten auszuführen, nur weil sein Beruf nicht dafür geeignet schien. In der Tat wurde Graunt 1662 zum Mitglied der Royal Society ernannt, im selben Jahr, in dem sein Buch veröffentlicht wurde. Da es relativ wenige Personen gab, die vom königlichen Erlass betroffen waren, hielt sich der bürokratische Papierkram seiner Umsetzung in Grenzen.

Der unglückliche Astronom

Das war Guillaume Joseph Hyacinthe Jean-Baptiste Le Gentil de la Galaisière (1725–1792), dessen langer Name gewissermaßen mit dem Ausmaß seines Unglücks korreliert. In der Tat werden wir seine Qualen etwas vereinfacht darstellen, da sie ein deprimierendes Drama sind und sogar eine Oper inspiriert haben.

Der Alptraum begann mit einem klaren astronomischen Problem – der Messung der Entfernung von der Erde zur Sonne, basierend auf der Parallaxe der Venus. Tatsächlich gibt die Verlaufsbahn der Venus, die an verschiedenen Punkten der Erde gleichzeitig gemessen wird, Positionswinkel an, die ebenfalls unterschiedlich sind und von den gewählten Punkten abhängen. Je weiter diese Punkte entfernt sind, desto größer sind die Winkel. Im Jahre 1760 wurde eine Gruppe gegründet, die die entsprechenden Messungen durchführte. Es ist anzumerken, dass die jeweiligen Positionen von Erde, Venus und Sonne nur periodische und sehr seltene Beobachtungen erlaubten, in einigen Fällen mit Abständen von mehr als einem Jahrhundert. Deshalb musste jede Chance optimal genutzt werden. Im bevorstehenden Jahrzehnt würde es zwei Momente geben, wenn auch durch acht Jahre voneinander getrennt, in denen die Götter gnädig sein und die Messungen ermöglichen würden.

Le Gentil, ein guter französischer Patriot, entschied sich dafür, die von Europa am weitesten entfernte Messung in einem entlegenen französischen Gebiet durchzuführen. Der gewählte Standort war Pondicherry in Indien. Er reiste 1760 dorthin und machte auf halbem Weg auf der Insel Mauritius halt, einer französischen Enklave im Indischen Ozean. Leider hatte ihm die Politik bereits einen Strich durch die Rechnung gemacht: Frankreich und England waren in Konflikt geraten und Pondicherry war nun in englischer Hand. Nach einigen Abenteuern, darunter die Rückreise auf die Insel Mauritius, entschied sich Le Gentil, dort auf den Eintritt der Venus zu warten. Der erste Übergang fand allerdings bereits während seiner Rückreise statt und der Aufenthalt auf einem schwankenden Boot machte eine genaue Messung unmöglich.

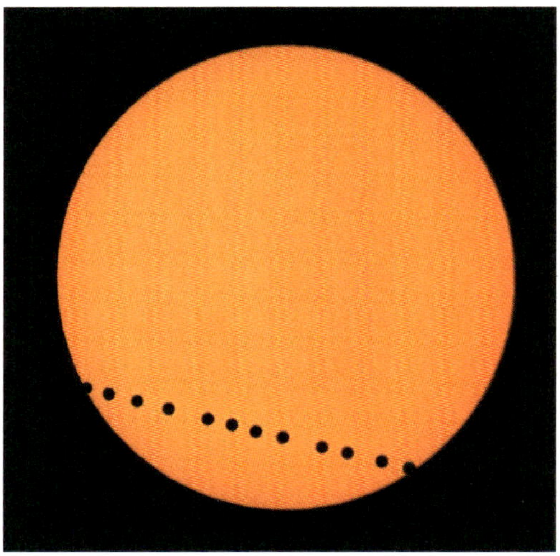

Der Übergang der Venus am 8. Juni 2004; wir sehen, wie sich der Planet vor der Sonne vorbeibewegt (Quelle: Johannes Schedler).

Der zweite Durchgang der Venus war vom ersten, den er bereits messtechnisch verpasst hatte, durch acht lange Jahre getrennt. Da der Astronom schon weit weg von Frankreich war und er seine Reise nicht unterbrechen wollte, setzte Le Gentil Segel nach Manila, aber die spanischen Behörden waren nicht sehr freundlich zu ihm. Glücklicherweise kehrte Pondicherry aufgrund eines Friedensvertrages in französische Hände zurück und er fuhr wieder dorthin. Er kam an, richtete sein Observatorium ein und wartete auf die Venus. Das Wetter war wunderbar, auch am Tag vor der Beobachtung, aber am großen Tag blieb es während der Dämmerung hartnäckig bewölkt, sodass überhaupt keine Beobachtung möglich war. Acht Jahre umsonst gewartet, was Le Gentil, so sanft er auch gewesen sein mag, nahezu in den Wahnsinn trieb.

Und obwohl man es kaum glauben mag, hatten die Dinge gerade erst begonnen, in Schieflage zu geraten: Als Le Gentil in seine Heimat zurückkehrte (unter anderem erkrankt an der Ruhr), stellte er fest, dass man ihn offiziell für tot erklärt hatte. Sein Eigentum war unter seinen Erben aufgeteilt worden, er hatte seinen angesehenen Sitz an der Akademie der Wissenschaften verloren, sogar seine Frau hatte wieder geheiratet. Es dauerte ein paar Jahre, bis er dieses Durcheinander aufgeräumt hatte. Schließlich kehrte er auf seinen akademischen Platz zurück und heiratete wieder. Glücklicherweise musste er nicht beweisen, dass er am Leben war, die Bürokratie zeigte sich gnädig und auch König Ludwig XVI. unterstützte Le Gentil bei der Beseitigung seiner Probleme.

Statistiken lügen nicht

Wir können nicht erwarten, dass Schriftsteller gute Mathematiker sind. Es gibt sie, wie beispielsweise Alexander Solschenizyn (1918–2008) oder Jorge Luis Borges (1899–1986), aber sie sind die Ausnahme, nicht die Regel. Allerdings ist es auch nicht ganz in Ordnung, selbst die grundlegendsten Konzepte zu ignorieren.

Symptomatisch ist die Weigerung von Charles Dickens (1812–1870), mit dem Zug zu reisen. Es ist nicht so, dass Dickens die Eisenbahn vollkommen abgelehnt hätte. Er musste jedoch Anfang Dezember verreisen, und wie es manchmal der Fall ist, lagen die Unfallzahlen für die Eisenbahn noch unterhalb der Zahlen aus den Statistiken über jährliche Eisenbahnkatastrophen. Dickens schloss zu Unrecht daraus, dass es bis zum Jahresende zu einer höheren Unfallrate kommen müsste. Also reiste er nicht. Er war nicht der Ansicht, dass es in diesem Jahr glücklicherweise weniger Unfälle geben würde als im Vorjahr. Sein Vertrauen in die Statistik muss ebenso unzerstörbar gewesen sein wie der Glaube der Märtyrer an ihren Gott.

Und hätte Fjodor Dostojewski die Grundlagen der Wahrscheinlichkeit richtig gelernt, wäre er nie zu einem zwanghaften Spieler geworden – hätte aber auch nicht sein Werk *Der Spieler* geschrieben. Und wenn sie in Hollywood besser über Baustatiken Bescheid gewusst hätten, wäre King Kong vielleicht nie auf dem Empire State Building herumgeklettert. Manchmal ist es besser, wenn die Dinge bleiben, wie sie sind.

Die programmierende Gräfin

Ada Augusta Byron (1815–1852), die spätere Gräfin von Lovelace und besser bekannt als Ada Lovelace, hat verschiedene Eigenschaften, die ihr einen bemerkenswerten historischen Charakter verleihen.

1. Sie war die Tochter von Lord Byron, dem berühmten Vater, Dichter und romantischen Schriftsteller, obwohl sie ihn nie persönlich traf.
2. Ihre Familie war ein perfektes Beispiel für Dysfunktion, da sich ihre Eltern während der Schwangerschaft trennten. Ihr Leben fand im viktorianischen Zeitalter statt, geprägt von den Werten, die damals vorherrschten.
3. Gegen den Trend ihrer Zeit entschied sie sich für eine naturwissenschaftliche Ausbildung, beeinflusst durch die Tatsache, dass ihre Mutter eine mathematische Ausbildung genossen hatte, und um sich davon abzulenken, in die literarischen Fußstapfen ihres Vaters zu treten zu wollen. Einer ihrer Lehrer war Augustus de Morgan, ein berühmter Mathematiker.
4. Sie war eine ausgezeichnete Mathematikerin; ihre Freundschaft mit Charles Babbage führte zu konkreten Ergebnissen, die für ihre Zeit überraschend waren. Für den mechanischen Computer von Babbage (der so genannten Analysemaschine, die Babbage nie fertig gestellt hat) entwickelte sie das, was heute als erstes Computerprogramm der Geschichte gelten könnte und das auf Lochkarten basierte. Die Maschine war nur teilweise fertig, aber das Programm funktionierte trotzdem.
5. Außerhalb der Wissenschaft führte sie ein dramatisches Leben mit einer übertriebenen Leidenschaft für Pferderennen und Glücksspiel. Sie hatte Beziehungen zu zwielichtigen Buchmachern und musste sich im Tausch gegen millionenschwere Diamanten vor ihren Schulden retten. Sie starb im Alter von 36 Jahren an Gebärmutterkrebs, einem langsamen und schmerzhaften Tod. Ihre Mutter, die zweifellos aufrichtig um das seelische Wohl ihrer Tochter besorgt war und an die ewige Erlösung als etwas glaubte, das noch in dieser Welt begann, verweigerte ihr die Linderung durch Morphium und andere Schmerzmittel. Sie glaubte, dass das körperliche Leiden, das schrecklich gewesen sein muss, zur Reinigung ihrer Seele beitrug und Ada von der Schuld befreite, die sie aus den Sünden des Ehebruchs und des zwanghaften Glücksspiels angehäuft hatte.

Sie wollte auch *post mortem* die Kontrolle über die Unterlagen ihrer Tochter erhalten. Babbage, der inzwischen Mitglied des Parlaments war, und dem man nicht widersprechen konnte, erlaubte dies jedoch nicht, indem er die Verantwortung für diese

Unterlagen und ihre endgültige Verwendung übernahm. In den 1970er Jahren entwickelte Honeywell Bull eine Programmiersprache, die zu ihren Ehren ADA getauft wurde. Sie wird heute noch verwendet und ist eine wohlverdiente posthume Hommage.

Ada Augusta Byron King (King war der Nachname ihres Ehemanns), besser bekannt als Ada Lovelace, auf einem Porträt von der britischen Malerin Margaret Carpenter.

Florence Nightingale und die Statistik

Der Krimkrieg hat Bücher, Diskussionen, Reformen, parlamentarische Proteststürme und sogar Filme inspiriert, insbesondere *Die Attacke der Leichten Brigade* (1936), in dem Errol Flynn heroisch zum Ruhm reitet. Dieser Krieg war eine echte militärische Katastrophe, aber er hatte auch etwas Gutes: Die britische Regierung schickte eine Frau als Oberschwester in das Kriegsgebiet – Florence Nightingale (1820–1910). Von den Soldaten, die sie betreute, als „die Dame mit der Lampe" bezeichnet, erkannte sie das Elend, den Schmutz und die Unzulänglichkeiten in den Militärkrankenhäusern und begann ihren bewundernswerten Kreuzzug für die öffentliche Gesundheit. Als dieser Kampf gewonnen war, begann sie eine viel wichtigere Schlacht, diesmal in ihrem eigenen Hinterhof. Sie suchte und erhielt die Unterstützung von Königin Victoria und dem Premierminister Lord Palmerston für ihre Sache. Florence war unverheiratet und deshalb missbilligte es die Gesellschaft, dass sie Mathematik studieren wollte (ihr Professor war niemand Geringeres als James Joseph Sylvester), insbesondere Statistik. Trotz allem wurde sie schließlich das erste weibliche Mitglied der Royal Society, was eine weitere ungewöhnliche Leistung ist. In ihrem öffentlichen Leben nutzte Florence ihr Wissen über die Statistik zur Krankenpflege, eine Tätigkeit, die sie revolutionierte. Ihre Statistiken waren vollgepackt mit beeindruckenden und realistischen Sektordiagrammen (oder „Kuchendiagrammen", wie sie heute allgemein genannt werden). Sie waren so aussagekräftig, dass ihre Ideen übernommen und das Gesundheitswesen reformiert wurde, und wir alle haben davon profitiert.

Florence Nightingale wurde am Waterloo Place in London ein Denkmal errichtet. Die vielen Kranken, deren Leben sie gerettet hatte, bilden ihr, metaphorisch gesprochen, ein weiteres, unsichtbares Denkmal.

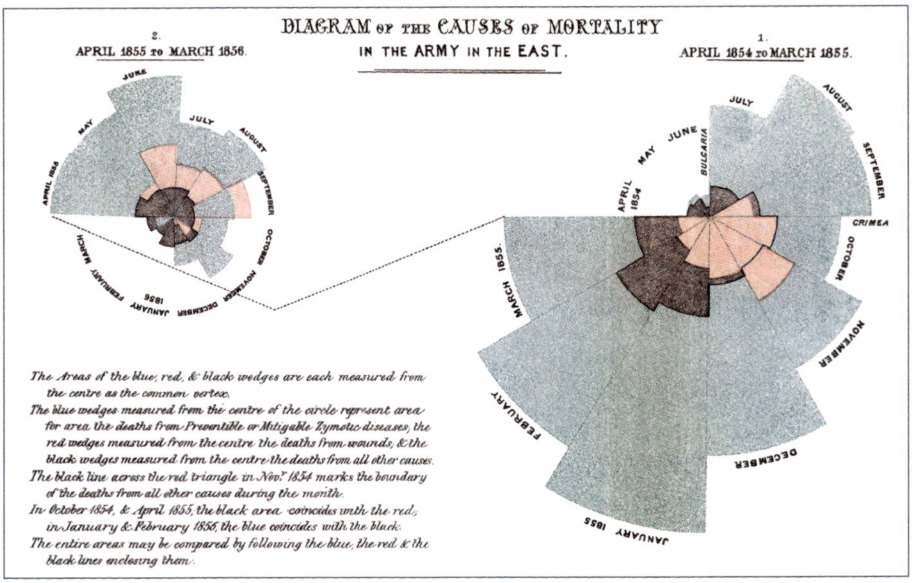

Originaldiagramm von Florence Nightingale. Es zeigt, wie die Sterblichkeitsrate parallel zur Umsetzung ihrer Maßnahmen sinkt.

Statistik und Genozid

Francis Galton (1822–1911), der Cousin von Charles Darwin, war ein wissenschaftlich nicht genau kategorisierbarer Charakter – Meteorologe, Astronom, Psychologe, Erfinder, Anthropologe, Forscher und natürlich Mathematiker, obwohl er nie systematisch studierte. Er war eines dieser umherstreifenden Genies, die, wie sein Cousin Darwin, Großbritannien an die Spitze des wissenschaftlichen Ruhmes katapultierten. Nichts erschien ihm fremd oder uninteressant, von der Vermessung der Nasen bis zur Schaffung einer weiblichen „Karte der Schönheit“, Autosuggestion und Vererbung. Er war ein ausgezeichneter Statistiker und ist als Autor des universellen Konzepts von Regression und Korrelation in die Geschichte eingegangen. Leider ist er auch für das umstrittene Konzept der Eugenik bekannt, das er um 1865 begründete.

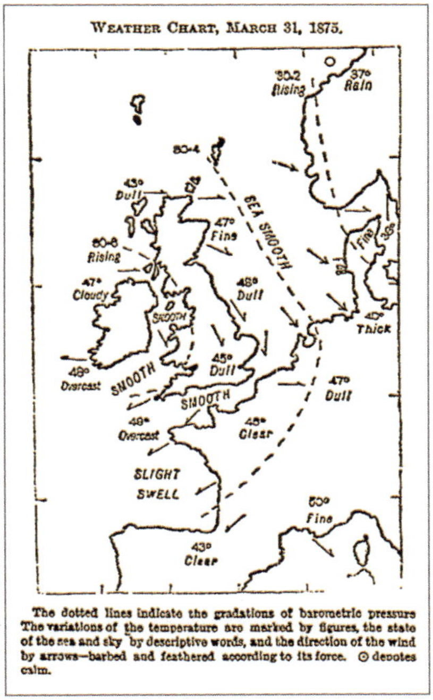

Die erste Wetterkarte der Geschichte, erstellt von Galton, veröffentlicht 1875 in der Times.

Eugenik kann grob definiert werden als die mögliche Verbesserung der Populationen (früher wurde von Rassen gesprochen) durch die Unterdrückung negativer Merkmale (wir würden heute sagen: negativer genetischer Merkmale), die ihren Fortschritt behindern. Die Eugenik war mehrere Jahrzehnte lang sehr in Mode, da Regierungen und Einzelpersonen (z. B. der Ökonom Keynes) ihren inhärenten Fortschritt für gut befanden; die Verwendung der Eugenik (oder des geplanten Völkermords) durch das NS-Regime änderte dies völlig, und die Eugenik wurde zu einem verabscheuenswürdigen Begriff.

Andererseits enthüllte der Hardy-Weinberg-Satz, der mit Markov-Ketten und ihren Gleichgewichtspunkten zusammenhängt, dass es mathematisch belegt ist, dass in Bezug auf heterozygote Merkmale jede Hoffnung, alle Besitzer eines rezessiven Merkmals zu eliminieren, umsonst war. Sofern nicht alle „Anomalien" (einschließlich ihrer Träger), die in vielen Fällen rezessiv und unsichtbar waren, vollständig beseitigt werden, bestimmen letztlich unerbittliche Erbgesetze die Regression der Merkmale in ihrem primitiven Verhältnis.

So kam man schließlich überein, dass die Eugenik politisch nicht korrekt war; sie war moralisch zweifelhaft und mathematisch falsch. In jüngster Zeit wurde die Thematik mit dem Aufkommen der Manipulation des Genoms wieder auf den Tisch gebracht. Es ist nicht so, dass das Hardy-Weinberg-Gesetz nicht funktioniert, aber die Spielregeln wurden geändert. Es scheint möglich zu sein, auf das Gen einzuwirken, das das rezessive Merkmal bestimmt, und den Besitzer zu identifizieren, auch wenn es äußerlich nicht offensichtlich ist. Das Problem besteht nun darin, auf das Gen und nicht auf den Träger einzuwirken. Es scheint, die Eugenik und Galton sind wieder aufgetaucht.

Tennyson und Babbage

Glücklich durch die Mathematik zusammengeführt, begegnen wir hier zwei völlig unterschiedlichen Mentalitäten, zwei sehr unterschiedlichen englischen Talenten.

Alfred Tennyson (1809–1892), besser bekannt als Lord Tennyson, war ein großer Dichter, der als der beste seiner Zeit galt, und der dank seines persönlichen Interesses an der Wissenschaft, ihrer Förderung und Unterstützung Mitglied der Royal Society war. Charles Babbage (1791–1871) war ebenfalls Mitglied der Royal Society, er war Philosoph, Ingenieur, Kryptograph und vor allem Mathematiker, der von der Nachwelt als Pionier der Computertechnik sehr geschätzt wird. Das Grundkonzept des programmierbaren Computers ist Babbage zu verdanken, und sein Versagen, über seine primitive Maschine, die „Analytische Maschine", wie er sie nannte, hinauszukommen, war allein darauf zurückzuführen, dass die damaligen technischen Ressourcen dies nicht zuließen. Die zur Zeit von Babbage verfügbare Technologie unterscheidet sich von der heutigen wie eine Dampfmaschine von Mikrotransistoren.

In vielerlei Hinsicht war Babbage ein seltsamer Charakter und als Abgeordneter sogar umstritten. Sein Kreuzzug gegen Straßenmusiker, die er für unerträglich hielt, ist ein gutes Beispiel dafür. Stellen Sie sich Tennysons Überraschung vor, als er einen Brief folgenden Inhalts von seinem Kollegen Babbage erhielt:

Sehr geehrter Herr,

in Ihrem wunderbaren Gedicht *The Vision of the Sin* lesen wir die folgenden Verse:

Every moment dies a man
Every moment one is born

Ich brauche Sie wohl nicht darauf hinzuweisen, dass diese Berechnung die Vorstellung vermitteln könnte, die Summe der Weltbevölkerung würde in einem Zustand des ewigen Gleichgewichts gehalten, während es eine bekannte Tatsache ist, dass diese Summe ständig zunimmt. Deshalb erlaube ich mir, Ihnen vorzuschlagen, dass in der nächsten Ausgabe Ihr ausgezeichnetes Gedicht wie folgt korrigiert werden sollte

Every moment dies a man
Every moment $1\frac{1}{16}$ *is born*

Ich möchte hinzufügen, dass die genaue Zahl 1,067 ist, aber natürlich muss man den Gesetzen des Maßes gewisse Zugeständnisse machen.

Mit freundlichen Grüßen

Charles Babbage

Sie können sich denken, dass dieses Schreiben nicht beantwortet wurde, ebenso wurde der Wortlaut des Gedichts nicht geändert. Wie kann jemand mit seiner poetischen Wertschätzung oder eher Nichtschätzung so weit gehen? Stellen Sie sich vor, jemand liest diese Zeilen García Lorcas:

Green, how I want you green.
Green wind. Green branches.

Und denkt sich, García Lorca muss farbenblind gewesen sein, sonst hätte er das Grün viel genauer beschrieben, nämlich in einem Farbband mit einer Wellenlänge zwischen 520 und 570 Nanometer.

Der unehrliche Banker

Eine Zeit lang und bis zu seinem Tod gebührte die Krone der mathematischen Welt Henri Poincaré (1854-1912). Man sagt, James Joseph Sylvester (1814–1897) habe eine Reise nach Paris unternommen, um ihn persönlich zu treffen, und er war sprachlos, als er ihn traf, so als ob er vor einem Gott stünde. Poincaré war so brillant, dass er während seiner Studienzeit nie Aufzeichnungen machte. Als hervorragender Schriftsteller, Philosoph und hochkarätiger Denker stand er an der Spitze selbst der Relativitätstheorie. Seine Ergebnisse, die auf denen von Lorenz beruhen und mit Anleihen bei Fitzgerald und Minkowski neu interpretiert wurden, brachten ihn der Ankündigung der Relativitätstheorie schon sehr nahe, wie sie bekanntlich später als durchgängige Arbeit von Einstein entwickelt wurde.

Für einen solchen Denker, dem wir visionäre Fortschritte in so unterschiedlichen Bereichen wie Chaos und Topologie verdanken, kommt ein Vorfall mit seinem Bäcker überraschend; aber weil er von der Leitung des Boston Museums bestätigt wird, wollen wir ihn hier erwähnen.

Henri Poincaré in seinem Büro.

Poincaré zeigte seinen Bäcker an, weil er 1-kg-Brote verkaufte, deren Gewichte veränderlich und niedriger als annonciert waren. Der Mathematiker hatte sich die Mühe gemacht, das Gewicht der erhaltenen Brote aufzuzeichnen, das einer anmutigen Kurve folgte, der Gaußschen Glocke, die schließlich eine Normalverteilung mit durchschnittlich 950 g zeigte, weniger als das bestellte Kilogramm.

Die Beweise waren unbestreitbar, und der Bäcker erhielt eine Verwarnung von der Polizei. Eine Weile später fragte jemand Poincaré nach seinen Broten und ob sich der Service verbessert habe. Poincaré erklärte, dass es zwei Antworten auf diese Frage gebe: Seine Zufriedenheit mit dem Service sei derzeit tatsächlich hervorragend, da sein Brot nun tatsächlich 1000 g wiege, aber, so Poincaré weiter, der Bäcker betrüge den Rest seiner Kunden weiterhin. Tatsächlich stammten die Brote für Poincaré nur noch von der rechten Seite der Verteilungskurve, also der Kurve für die Brote mit einem Gewicht von mehr als 1 kg. Die Kurve zeigte deutlich, dass Poincaré nur noch solche Brote bekam, die das Normalgewicht überschritten, ohne Berücksichtigung derjenigen, die sich auf der anderen Seite der Verteilung befanden. Versuchen Sie niemals, einen Statistiker zu täuschen!

Poincarés Brotdaten

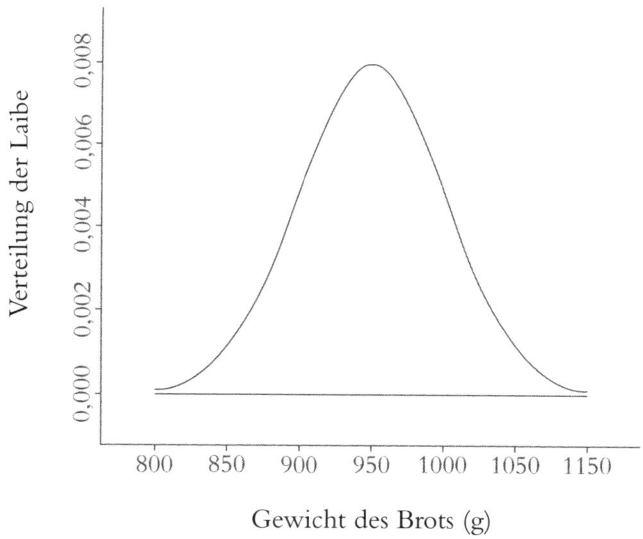

Poincarés Brotdaten (nach dem Vorfall)

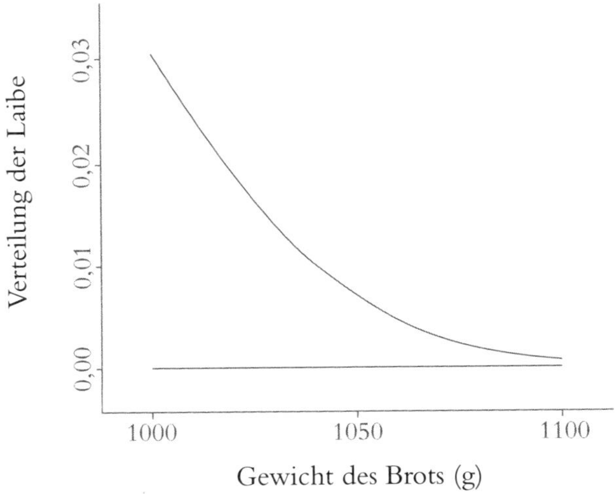

Die Vögel eines Quaternions scharen sich zusammen

Sir William Rowan Hamilton (1805–1865) wie auch Éamon De Valera (1882–1975) waren Iren, aber sie hatten nicht denselben Pass. Während Hamilton immer einen britischen Pass hatte, wurde De Valera Präsident eines Landes, das in die Unabhängigkeit entlassen wurde, deshalb trug er am Ende seines langen Lebens einen irischen Pass. Neben der gemeinsamen Nationalität teilten sie die gleiche Leidenschaft für Mathematik. Hamilton investierte viele Jahre in die Suche nach einem algebraischen Körper, der komplexe Zahlen verallgemeinerte; er entdeckte ihn schließlich 1843 und erfand so die Quaternionen.

Die Quaternionen werden durch eine Kombination von Symbolen des folgenden Typs gebildet:

$$a\mathrm{1} + b\mathrm{i} + c\mathrm{j} + d\mathrm{k}$$

(Normalerweise wird die Formel wie $a + b_{\mathrm{i}} + c_{\mathrm{j}} + d_{\mathrm{k}}$ geschrieben, ohne die 1), wobei a, b, c und d reale Zahlen sind, 1 ist Eins und ein distributives Produkt, mit den Bedingungen $i^2 = j^2 = k^2 = ijk = -1$. Die Multiplikationstabelle für 1, **i**, **j** und **k** lautet:

×	1	i	j	k
1	1	i	j	k
i	i	-1	k	$-j$
j	j	$-k$	-1	i
k	k	j	$-i$	-1

Die Menge der Quaternionen bildet einen Körper und umfasst die komplexen Zahlen (unter Berücksichtigung der Quaternionen, wobei $c = d = 0$ ausreichend ist). Es ist alles sehr genial und die Legende besagt, dass Hamilton dies alles ganz plötzlich einfiel, als er unter der Brougham Bridge in Dublin hindurchging.

Die Entdeckung der Quaternionen erschien allen so wunderbar und so echt irisch, dass Éamon De Valera Jahre später eine Gedenktafel an den Bögen der Brücke anbringen ließ. Sie trägt die Inschrift:

Hier entdeckte Sir William Rowan Hamilton bei einem Spaziergang
am 16. Oktober 1843 in einem plötzlichen Geistesblitz die grundlegende
Formel für die Quaternion-Multiplikation $i^2 = j^2 = k^2 = ijk = -1$
und ritzte sie in einen Stein dieser Brücke.

Hier wäre die Geschichte zu Ende, wenn Éamon De Valera (Dev für seine Freunde) nicht Mathematik studiert und sich selbst als Mathematiker betrachtet hätte. In der Tat bewarb sich De Valera 1913 für eine Stelle als Professor für Mathematik, bekam sie aber nicht. Zufällig waren De Valeras Spezialität Quaternionen, und laut Arthur Conway, einem ehemaligen Professor von Dev, „hatte er das Thema gründlich studiert". So schrieb er 1916, als De Valera im Gefängnis war und erwartete, am nächsten Morgen hingerichtet zu werden, stolz als Epitaph:

$$i^2 = j^2 = k^2 = ijk = -1$$

Dies beweist seine wahre Liebe für dieses Thema.

De Valera ging also die Politik und die Mathematik verlor einen Experten für Quaternionen, aber offensichtlich schaffte er es als Politiker bis an die Spitze. Trotz einer leichten und gefährlichen Tendenz pro Hitler kam De Valera unbeschadet durch den Zweiten Weltkrieg und wurde Präsident des unabhängigen Irlands, wie wir es heute kennen.

Die Gedenktafel an der Brougham Bridge.

Das unnütze Theorem

Die Mengenlehre ist ein wesentlicher Bestandteil der mathematischen Grundlagen, obwohl ihre etwas überstürzte Einführung in die Lehrpläne der Grundschulen zu vielen Spaltungen und Streitigkeiten geführt hat, die jedoch größtenteils überwunden werden konnten. Heute behauptet niemand mehr, dass sie eine zentrale Rolle im Studium der Naturwissenschaften spielt, aber im frühen 20. Jahrhundert scheint die große Disziplin, die hauptsächlich von Georg Cantor (1845–1918) und Richard Dedekind (1831–1916) geschaffen worden war, in einigen akademischen Bereichen nicht sehr viel Begeisterung geweckt zu haben. An der University of Princeton organisierte ein Ausschuss von Wissenschaftlern ein Treffen, um den Studienplan für Mathematik zu diskutieren. Der Physiker und Mathematiker Freeman Dyson (geb. 1923) erzählt von einem Gespräch zwischen dem Astronomen James Hopwood Jeans (1877–1946) und dem Topologiespezialisten Oswald Veblen (1880–1960). Da der Plan bereits etwas zu umfangreich aussah, schlug Jeans vor, den Inhalt zu kürzen: „Wir könnten die Mengenlehre abschaffen; letztlich ist sie ein Teil der Mathematik, der für Physiker nie wichtig sein wird", sagte er. Jeder, der Quantenmechanik studiert und bis zur Unterlippe in Mengen steht, kann bezeugen, dass Sir James kein großer Prophet war.

Die Regeln der Etikette müssen eingehalten werden

Was immer ein Mathematiker liest, und wo immer er es liest, wenn er Formeln sieht, wird er sie zweifellos verstehen, hier und überall. Es gibt eine gemeinsame Sprache in dieser Wissenschaft, und was an einem Ort veröffentlicht wird, wird an einem anderen verstanden, auch wenn dieser 10.000 km entfernt ist. Die Symbole und Abkürzungen sind die gleichen, wobei der Rest der idiomatischen Ausdrücke, die wir als „Sprache" bezeichnen, sicherlich unterschiedlich sein wird (bevorzugt wird zunächst Englisch, dann Französisch, Russisch und Mandarin), aber der Kern der Sache, die „Metasprache", wird derselbe sein. Alles, was gleich ist, erhält das Zeichen „=", und wenn „∈'" erscheint, verstehen wir „ist Element von". Wenn jemand mit mathematischen Kenntnissen auf Ausdrücke wie z. B.

$$\rho \frac{Du_i}{Dt} = \rho F_i - \frac{\partial P}{\partial x_i} + \frac{\partial}{\partial x_i}\left[2\mu\left(e_{ij} - \quad \delta_{ij} / 3\right)\right]$$

stößt, zuckt er nicht mit der Wimper, sondern versteht sie perfekt, auch wenn er zunächst vielleicht nicht sofort erkennt, dass es die Formel für die Erhaltung des linearen Impulses in einem Fluid ist.

Im mathematischen Denken wurden viele mühsame Wege verfolgt, bis man schließlich den aktuellen Stand erreichte, wo eine Gemeinschaft von Wissenschaftlern ihre Wissenschaft in derselben Metasprache verstehen und ausdrücken kann. Wir sollten denen danken, die, oft mit großer Bescheidenheit, universelle Zeichen erfunden und sich auf ihre Verwendung geeinigt haben, wie zum Beispiel

$$+, -, \times, \sum\ , \geq, \neq, \div, \rightarrow, \in, \subset, \varnothing, \partial, \infty, \pi, (, \sqrt[n]{\ }, a^n, \int, \ldots$$

Vor Einführung dieser Zeichen und Abkürzungen war die Mathematik ein praktisch endloser und unverständlicher Diskurs. Versuchen Sie, etwas so Akademisches wie die bekannte quadratische Gleichung

$$ax^2 + bx + c = 0 \Leftrightarrow x = \frac{-b \pm \sqrt{b^2 - 4ac}}{2a}$$

rein mit Worten zu erklären, ohne Exponenten oder Buchstaben oder =, +, -, das Divisionssymbol oder das Wurzelsymbol $\sqrt{\ }$. Oder das Logiksymbol ⇔. Wie würden Sie vorgehen?

Viele dieser Zeichen werden wenig bekannten Persönlichkeiten zugeschrieben, wie dem bescheidenen bischöflichen Geistlichen William Oughtred (1574–1660), dessen Beruf es war, die Messe zu lesen und Predigten zu halten, dem wir allerdings das × zur Darstellung der Multiplikation und die Symbole sin α und cos α (und die Rechenscheibe) verdanken. In seinem ganzen Leben schrieb er nur ein 88 Seiten umfassendes Büchlein und galt als Amateurmathematiker. Dies war zu einer Zeit, als die Mathematik noch in den Kinderschuhen steckte.

Ab wann können wir sagen, dass die Mathematik erwachsen geworden ist? Eine Antwort wäre: Als genügend Mathematikbücher gedruckt wurden, um universelle Regeln für die Nomenklatur festzulegen. Ohne gemeinsame Regeln für die Etikette gäbe es keine gemeinsamen Bücher. Im Jahr 1875 wurde im Vereinigten Königreich ein Komitee zur Vereinheitlichung der Typographie von gedruckten Büchern, ihrer Symbole und Abkürzungen gegründet; dies war der Anfang vom Ende. Seitdem sind viele völlig neue Felder und Theorien der Mathematik entstanden, aber die Grundregeln für die Etikette waren bereits fest etabliert.

Logik, die ihre Logik hat

Der Logiker/Mathematiker Willard van Orman Quine (1908–2000) ist vor allem für seine gründlichen Studien über die Beziehungen zwischen normaler Sprache und Wissenschaftssprache bekannt. In der akademischen Welt teilten viele seinen Standpunkt, als er mit Jacques Derrida und anderen „Dekonstrukteuren" diskutierte und sie als Pseudophilosophen, wenn nicht sogar Scharlatane bezeichnete. Sein gesunder Menschenverstand manifestierte sich in praktischen Maßnahmen, denn „Van" (wie ihn seine Freunde nannten), der meist auf einer Schreibmaschine schrieb, wechselte einige der Buchstaben auf der Tastatur aus: Insbesondere wurden die Zeichen „1", „!" und „?" durch andere, spezielle logische Zeichen ersetzt, die in Quines Dokumenten häufig vorkamen.

Obwohl er dadurch offensichtlich Zeit gespart hat, ist schwer zu verstehen, wie Quine ohne etwas so Allgemeines wie ein Fragezeichen auskommen konnte. Seine Freunde fragten ihn danach und erhielten eine typisch logische Antwort: „Weißt du, in meiner Branche dreht sich alles um Wahrheiten."

Teuflisch schwierige Hausaufgaben

Der amerikanische Mathematiker George Bernard Dantzig (1914–2005) ist bei linearen Programmierern als Erfinder des Simplex-Algorithmus bekannt, einem grundlegenden Instrument der so genannten operativen Forschung. In der Welt der

Anekdoten ist er dafür bekannt, Hausaufgaben mit ernsthaften Forschungsthemen verwechselt zu haben. Das Ganze ist eine Geschichte wert.

Dantzig wollte seinen Abschluss machen und hatte 1939 einen bekannten Statistikprofessor, den Polen Jerzy Neyman (1894–1981). Er kam einmal zu spät zur Vorlesung und bat Neyman, ihn das, was auf der Tafel stand, noch abschreiben zu lassen, da er den Anschluss nicht verlieren wollte. Auf der Tafel fand er zwei Aussagen, von denen er annahm, dass sie die Hausaufgaben seien, und schrieb sie in sein Heft. Als er nach Hause kam, machte er sich daran, seine Hausaufgaben zu erledigen und war erstaunt, wie aufwändig sie waren! Er brauchte so lange, dass er sie verspätet bei Neyman abgab und sich sehr entschuldigte. „Okay, legen Sie sie mir auf den Schreibtisch“, sagte Neyman zu ihm und zeigte auf seine ungeordneten Papierstapel. Dantzig ließ sie dort – etwas beunruhigt über das Durcheinander – zurück und ging.

Wochen vergingen und eines Sonntagmorgens hörte er ein Klopfen an der Tür. Es war Neyman, der ganz aufgeregt war und alle möglichen Unterlagen bei sich hatte. „Lies das schnell, ich habe vor, es heute zur Veröffentlichung zu schicken.“ Es waren seine Hausaufgaben, umgesetzt in druckreife Artikel mit einer Einführung von Neyman. Was Dantzig fälschlicherweise als eine relativ schwierige Hausaufgabe angesehen hatte, waren letztlich die Darstellungen von zwei wichtigen statistischen Vermutungen, die niemand nachweisen konnte. Er hatte es einfach nicht bemerkt und sie als Hausaufgaben gelöst.

Alles endet mit „AC“

Freunde des ungarisch-amerikanischen Genies John von Neumann (1903–1957) nannten ihn Johnny. Er gilt unter anderem als Gründungsvater im Bereich der Informatik. Die so genannte von-Neumann-Architektur gruppiert Computer in Teile – die Zentraleinheit und die Programme auf der einen Seite, den Speicher auf der anderen. Der Trick besteht darin, das Programm für die Berechnung, die in der Zentraleinheit durchgeführt werden soll, zu laden. Von Neumann ist Zeitgenosse des berühmten ENIAC (Akronym für *Electronic Numerical Integrator And Computer*), einem schrecklichen Monstrum aus Tausenden von Dioden, Steckern, Kabeln und Relais, das fast 30.000 kg wog und in der Lage war, 35 Quadratwurzeln mit zehn Dezimalstellen in einer Sekunde zu berechnen, was damals eine unvorstellbare Leistung war. Und nach der Programmierung fand alles ohne menschliches Zutun statt! Der Vorläufer des Computers HAL aus dem Film *2001: Odyssey im Weltraum* war geboren.

John von Neumann baute seine eigene Version von ENIAC, eine Maschine, die er *Mathematical Analyzer, Numerical Integrator, And Computer* nannte, und deren Akronym (von Neumann war ein echter Witzbold und erzählte Witze in drei Sprachen!) MANIAC war. Die RAND Corporation baute den *JOHN von Neumann Numerical Integrator And Automatic Computer*, dessen Akronym JOHNNIAC lautete. 13 Jahre lang, von 1953 bis 1966, arbeitete der JOHNNIAC ohne Probleme, mit sukzessiven Verbesserungen, die ihn immer effektiver machten. Heute ist ein einfacher Personal Computer (PC) viel schneller und effizienter, aber wir reden vom Jahr 1953!

Der JOHNNIAC, derzeit im Computer History Museum in Kalifornien.

Der Satz, der zweimal bewiesen wurde

Auch wenn es uns heute seltsam erscheint, war der bekannte Mathematiker Paul Halmos (1916–2006) einst ein bescheidener Assistent, bis er schließlich zum unabhängigen Denker wurde. In seiner Jugend übernahm Halmos die Rolle des Assistenten von von Neumann, mit längerer Erfahrung in diesem Bereich als von Neumann. Wie er uns in seiner Biografie *I Want to Be a Mathematician* berichtet, begaben sich er und von Neumann um 1941 auf ein gemeinsames Berufsabenteuer im Zusammenhang mit der Theorie der Messung und Wahrscheinlichkeiten. Sie gelangten an einen sehr schwierigen Punkt, an dem von Neumann die Schaffung einer pathologischen und sehr komplizierten Menge ansprach, in der es notwendig war, häufig zur Kontinuumshypothese zurückzukehren, indem man, so Halmos, „eine subtile transinfinite Doppelinduktion“ durchführte. Der Beweis des fertigen Satzes war heikel und kompliziert, auch für von Neumann. Halmos gelang es, einer Argumentation zu folgen, ohne sich überhaupt Notizen zu machen. Von Neumann, der dies bemerkte, warnte ihn. Halmos, der ganz aufgeregt war und dachte, er hätte alles verstanden, achtete nicht auf ihn.

Als es schließlich darum ging, die Theorie zu Papier zu bringen, war Halmos erschrocken, als er erkannte, dass er sich doch nicht an alles erinnern konnte. Wie war es noch einmal gelaufen? Es war unmöglich, sich alle Schritte zu merken. Leider hatte er Pech und konnte er erst in einigen Tagen mit von Neumann sprechen.

Mit einem schüchternen Lächeln erklärte er, was ihm passiert war und erfuhr das seltene Privileg, Johnny wütend zu sehen (er war sonst nie verärgert). Von Neumann machte sich daran, die Theorie Schritt für Schritt und mit großen Schwierigkeiten erneut zu beweisen. Glücklicherweise konnte er seine Argumentation wiederholen und brachte lange Zeit später den betreffenden Satz und das Endergebnis hervor, eine beachtliche Leistung, auch für von Neumann. Diesmal machte Halmos detaillierte Notizen.

Das Tüpfelchen auf dem i ist, dass Halmos seinen Namen neben den von John von Neumann in dem Artikel *Operator Methods in Classical Mechanics II* gesetzt hat. Der Originalartikel mit der Nummer *I* ist ein echter und verehrter Klassiker in der Physik wie auch der Mathematik.

Kombinationen mit Wiederholung

Der Dichter, Romancier und Gelegenheitsmathematiker Raymond Queneau (1903–1976), der zweifellos in die Geschichte eingehen wird, weil er *Zazie in der Metro* (sowie den Text zu einem Lied für Juliette Gréco) geschrieben hat, hat sich darüber hinaus mit dem Gebiet des kombinatorischen Kalküls beschäftigt. Er war bereits von Mozart auf dem Feld der Musik geschlagen worden, aber Queneau versuchte nun, die Kombinatorik auf die Poesie anzuwenden, was auf den ersten Blick sehr schwierig erscheint. In seinem äußerst dünnen Buch *Cent Mille Milliards de Poèmes* (es hat nur zehn Seiten, die jeweils ein Sonett enthielten!) schlug Queneau eine neue Methode vor, neue Sonette (sehr moderne, mit viel versteckter Bedeutung und anpassungsfähig an die Übernahme einer völlig beliebigen Bedeutung) aus wenigen, fertigen Versen zu konstruieren.

Dazu mussten nur ganze Zeilen aus jedem der Sonette übernommen werden, die bereits in dem zehnseitigen Buch beschrieben waren. Es gab insgesamt 14^{10} Möglichkeiten, genug selbst für den engagiertesten Poesieliebhaber. Mit einer Geschwindigkeit von einem Gedicht pro Minute kann uns ein Taschenrechner sagen, dass wir sie alle leicht in etwas weniger als 200.000.000.000 Jahren verfassen könnten.

Eine weitere Anwendung des kombinatorischen Kalküls, diesmal sehr viel fantasievoller, findet sich in den Schriften von Arthur C. Clarke, der auch eine der führenden Persönlichkeiten für die Entwicklung künstlicher geostationärer Satelliten und die Idee eines Weltraumaufzugs war. In *The Nine Billion Names of God* erfindet Clarke einen Computer, der die möglichen Namen Gottes mittels irdischer Permutationen für einige Mönche ausdruckt. Die Mönche glauben, dass die Welt untergeht, wenn alle Namen geschrieben sind. Als der Computer seine Arbeit beendet hat, geht die Welt tatsächlich unter. Das nennt man wohl künstlerische Freiheit.

Flatternde Schmetterlinge

Was ist dieser „Schmetterlingseffekt", von dem wir so viel lesen? Um das Ganze zu verstehen, müssen wir zuerst das Chaos verstehen, ein Konzept, das relativ neu in der Mathematik ist. Man könnte sagen, dass alles begann, als der Meteorologe Edward Norton Lorenz (1917–2008) 1961 ein dynamisches System entwickelte, das ihm als Modell für die Vorhersage des Wetters dienen sollte. Vielleicht hat er durch Faulheit die Zahl 0,506 statt 0,506127 in den Computer eingegeben. Zu seinem Erstaunen fand er ein allgemeines Szenario, das sich nicht nur von dem unterschied, was er erwartete, sondern sogar weit davon entfernt war. Eine winzige Variation der Eingangsdaten (jene drei Nachkommastellen) führte zu einer enormen Variation des dynamischen Systems. Er überprüfte es immer wieder und erzielte immer wieder ebenso atemberaubende Ergebnisse; eines der am meisten untersuchten Themen der Chaostheorie war gerade offiziell geboren worden.

Eine vertiefte Studie brachte ein wenig Ordnung in dieses Chaos. Die Ausgabedaten waren nach wie vor chaotisch, aber nachdem sie unberechenbaren und unvorhersehbaren Pfaden gefolgt waren, konnte bestätigt werden, dass sie sich tendenziell in Richtung einer Reihe von endgültigen Zahlen bewegten, als ob sie eine Art tödliche Anziehungskraft erfuhren.

Die Menge all dieser unendlich langen Reihen ist der so genannte Attraktor. Wenn sich ein Punkt in einem dynamischen System unregelmäßig und chaotisch bewegt, ist sein endgültiges Schicksal im Unendlichen ein weiterer Punkt des

Attraktors. Der Pfad ist immer chaotisch, aber in der Unendlichkeit, der Grenze, die nie erreicht wird, wird der Pfad am Attraktor enden, so wie viele glauben, dass Seelen dereinst in den Himmel oder in die Hölle kommen.

Der Attraktor hat, wenn Sie den Ausdruck entschuldigen, eine unwiderstehliche poetische Attraktivität. Lorenz war der erste, der, als er in das Chaos der meteorologischen Vorhersagen eingetaucht ist, einen Attraktor entdeckte, seinen berühmten Schmetterling, eine Reihe von Punkten, deren Form vage an die Flügel eines Lepidopteran erinnert. Diese übrigens ist eine fraktale Menge mit einer Hausdorff-Dimension von 2,06 ± 0,01 – ein geometrisches Wunder.

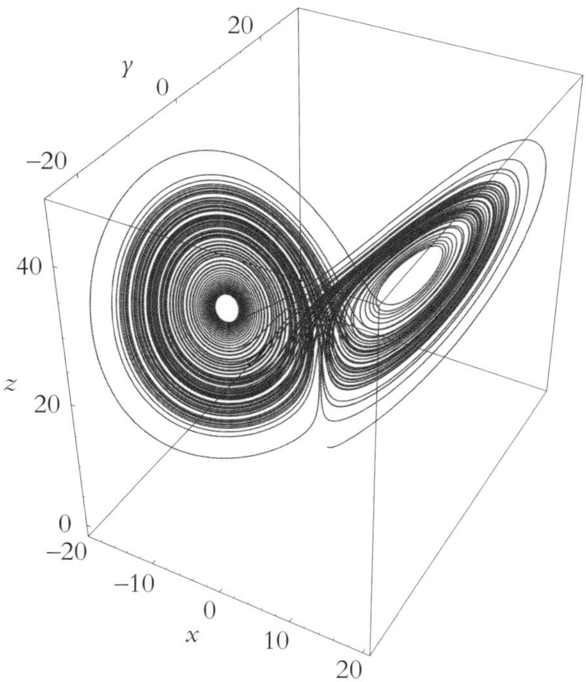

Der Lorenz-Attraktor, eine dreidimensionale fraktale Menge, deren Form an einen Schmetterling erinnert.

Dass dieser Attraktor den Flügeln eines Schmetterlings ähnelt, hat die Fantasie unzähliger Schriftsteller und Filmemacher geweckt. Der wohl berühmteste von ihnen ist der große Science-Fiction-Autor Ray Bradbury. Eine seiner Geschichten, *A Sound of Thunder*, beschreibt eine Zeitreise, bei der der Tod eines einfachen prähistorischen Schmetterlings direkt mit dem dramatischen politischen Wandel in der

Gegenwart verbunden ist. Anstelle eines liberalen Präsidenten wird ein schrecklicher Faschist gewählt. Es könnte nicht suggestiver sein; das einfache Flattern eines Schmetterlings in einem weit entfernten Setting kann das Verhalten einer Situation in der Gegenwart bestimmen, die eigentlich völlig unabhängig zu sein scheint. Dynamische Systeme können chaotisch sein und kleine Ursachen können große Auswirkungen haben. Kurzfristig (eine kleine Portion der Ewigkeit) existiert keine Vorherbestimmung; Chaos ist ein unendlich bedrohlicher Schatten, der keinen Raum für Vorhersagen lässt. Auf lange Sicht gibt es den Attraktor, aber er ist unsagbar weit weg, am Limit, an der Grenze zur Unendlichkeit.

Das Beste ist der Feind des Guten

Für einen echten Demokraten, der bei jeder möglichen Wahl abstimmt und der glaubt, dass seine Stimme zur Änderung des Verhaltens der Gesellschaft beiträgt, wäre sein Abstimmungssystem im Idealfall perfekt und würde bestimmte Anforderungen erfüllen, die es perfekt machen. Wir wissen, dass es viele Abstimmungssysteme gibt und dass es eines geben sollte, das das Beste ist - ein Supersystem. Wie sollten die Merkmale des perfekten Systems aussehen? Sie finden diese Merkmale mit jeweils ausführlichen Erklärungen im Internet. Da hier nicht genügend Platz ist und die Erklärungen etwas mühsam sind, werden wir sie nicht vollständig kopieren. Wir werden uns darauf beschränken zu sagen, dass das Abstimmungssystem, das die individuellen Wünsche der Bürger überträgt, fünf Elemente umfassen sollte, um ein perfektes demokratisches System zu sein:

1. Nicht-diktatorisch: Es kann kein eigener Wunsch für andere festgelegt werden.
2. Uneingeschränkter Umfang: Jeder sollte in der Lage sein, seine Wünsche zu gestalten.
3. Einstimmigkeit: Wenn jeder das Gleiche wünscht, ist das die endgültige Entscheidung.
4. Positive Verbindung von sozialen und individuellen Werten: Die Abstimmung wird immer das gleiche Ergebnis liefern, wenn sich die Wünsche nicht ändern.
5. Unabhängigkeit von irrelevanten Alternativen: Wenn eine Option eliminiert wird, ändert sich der Rest nicht.

Der 1972 mit dem Nobelpreis für Ökonomie ausgezeichnete Kenneth Arrow (1921–2017) hat all dies mit seiner mathematischen Lupe sorgfältig studiert, verarbeitet und sein überraschendes Urteil gefällt. Es ist unmöglich, dass ein System alle Bedingungen erfüllt. Einige können berücksichtigt werden, aber nicht alle gleichzeitig. „Niemand ist perfekt", wie Billy Wilder einmal sagte.

Ein bemerkenswerter Titel

Der amerikanische Mathematiker Yves Nievergelt hat über Computer, Wavelets und Statistiken geschrieben. Einer seiner 1987 erschienenen Artikel wird bis heute als erfolgreicher Bestseller für Studierende der Wirtschafts- und Sozialwissenschaften nachgedruckt. Konkret geht es um das mathematische Konzept der Elastizität.

Der Uneingeweihte wird auf seinen Seiten vergeblich nach spektakulären Berichten suchen, da sie voller Formeln sind, übersät mit Ableitungen, Logarithmen und anderen algebraischen „Schrecklichkeiten". Wenn Sie sich bis zum Schluss durcharbeiten, werden Sie vielleicht feststellen, dass das Rauchen nicht gut für Sie ist und dass Anti-Tabaksteuer-Maßnahmen wenig Einfluss auf die Gewohnheit haben, aber die Gesamtsteuerbelastung stark erhöhen, die dann zur Lösung tabakbedingter Probleme verwendet werden kann. Sie werden auch erkennen, dass die Nachfrage nach Prostitution unelastisch ist und dass der Druck auf die Kunden effektiver ist als der Druck auf die Prostituierten selbst. Und Sie werden lernen, dass die Nachfrage nach Lachs unter anderem von seinem relativen Vorkommen, dem Überleben der Eier und des jungen Lachses usw. abhängt. Man kann sehr viel über eine große Vielfalt von Dingen lernen, die alle schwer zu untersuchen sind, weil es nicht üblich ist, Daten zu diesen Themen zu erhalten. Und der Titel von Nievergelts informiertem Mathematikartikel? *Price Elasticity of Demand: Gambling, Heroin, Marijuana, Whiskey, Prostitution, and Fish*. Hat er damit Ihre Aufmerksamkeit erreget? Das könnte man so sagen.

Ein Spiel, das mehr als ein Spiel ist

Wenn es einen König der Spiele gibt, ist dies zweifellos das ganz normale Schach. Es gibt kein Glückselement, es kommt auf reine Strategie an. Und es bedarf eines hohen Erinnerungsvermögens, denn die Anzahl der möglichen Bewegungen in einem Spiel beträgt etwa 10^{123}, eine astronomisch große Zahl. Einige wenige professionelle Mathematiker wie Emanuel Lasker (1868–1941) stehen auf der Liste der Weltmeister. Und wir beziehen uns nur auf das konventionelle Flachschach mit 64 Feldern, denn schon in der viktorianischen Ära überlegte der Mathematiker Arthur Cayley (1821–1895), ein dreidimensionales Schach zu entwerfen. Keine ganz verrückte Idee – schließlich wird das Spiel in „Star Trek" gespielt.

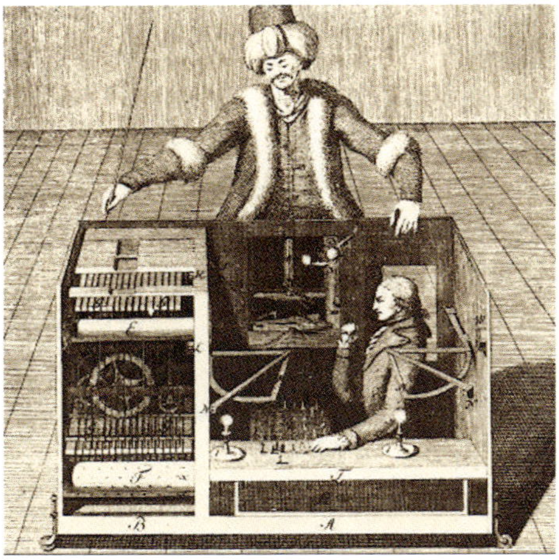

Der Automat namens „Der Türke" sorgte für Aufruhr, als der ungarische Ingenieur Wolfgang von Kempelen ihn 1769 vorstellte. Er schien in der Lage zu sein, Schach zu spielen, aber es war bloß ein einfacher Schwindel. Ein normal großer Mensch konnte sich innerhalb des Mechanismus verstecken.

Bislang konnte niemand das Schachspiel angemessen studieren, denn seine Komplexität macht es vorerst zu umfangreich, selbst mit den modernen, ausgeklügelten Waffen der Spieltheorie. Dies verhinderte nicht einige mutige Versuche, wie den des spanischen Ingenieurs Leonardo Torres Quevedo (1852–1936), der 1914 einen Automaten erfand, den er *el ajedrecista* (der Schachspieler) nannte, der immer mit drei Figuren (einem König, einem seiner Türme und dem anderen König) ein Schachmatt erzielen konnte. Es scheint ein langer Weg zu sein, ein Schachspiel mit einem vollen Figurensatz zu gewinnen, aber man muss schließlich irgendwo anfangen.

Schach ist ein gutes Terrain (ein Ausgangspunkt, wenn Sie so wollen), um den ewigen Kampf zwischen Mensch und Maschine beizulegen. Wir wissen, dass Schachprogramme immer besser werden und die morbide Faszination, fortschrittliche Software gegen einen begabten menschlichen Geist antreten zu lassen, ist unwiderstehlich. 1996 fand ein einmaliges Match zwischen einer Maschine, dem Deep Blue-Computer von IBM, und Weltmeister Garry Kasparov statt. Kasparov gewann drei Spiele zu Null. So war dieses Jahr noch ein Jahr der menschlichen Überlegenheit.

Deep Blue, der erste Schach spielende Computer, der einen Weltmeister schlug.

Im folgenden Jahr wiederholte sich die bittere Schlacht. Kasparow war praktisch der gleiche Mensch geblieben, aber Deep Blue (oder besser gesagt, seine Software und sein Speicher) hatte sich verbessert. Diesmal gewann die Maschine im Entscheidungsspiel. Kasparov war nicht überzeugt und behauptete, dass es während des Spiels einen menschlichen Eingriff in das Deep Blue-Programm gegeben habe. IBM leugnete dies, wie zu erwarten war, und nachdem die Firma ihr Ziel erreicht hatte, dass eine seiner Maschinen einen Menschen geschlagen hatte, wurde der Computer demontiert. Die Wettbewerbe (mit anderen Maschinen an der Stelle von Deep Blue) wurden in den Jahren 2000 und 2003 fortgesetzt und endeten unentschieden. Es ist sehr wahrscheinlich, dass diese Tradition fortgesetzt wird.

Mit Blick auf die Zukunft ist es so, dass die bisherigen Entwicklungen unbedeutend sind: Die Welt wird sich nur daran erinnern, dass der technologische Fortschritt bereits dazu geführt hat, dass die Maschine den Menschen einmal geschlagen hat. Früher oder später musste es passieren. Aber das wirklich Wichtige ist die Beantwortung der Frage „Ist das menschliche Denken dem einer Maschine ähnlich?“ Das wissen wir nicht, und vielleicht wird es lange dauern, es herauszufinden. Und vielleicht werden wir es nie erfahren und es wird ein Gödelianisches Problem sein. Und vielleicht wissen wir in diesem Fall, dass wir es nie erfahren werden.

Kapitel 5

Mathematiker aus der fernen Vergangenheit

„Der Mathematiker ist ein Blinder, der in einem dunklen Raum nach einer schwarzen Katze sucht, die nicht vorhanden ist.“

Charles Darwin

Dies sind Gedanken aus fernen Zeiten, und die Zeit kann unsere Wahrnehmung verzerren. Mathematiker aus der Vergangenheit verdienen unseren Respekt und unsere Bewunderung. Sie argumentierten nicht wie wir mit effizienter und universeller Notation, sie hatten keine Zeitschriften oder das Internet, die Verbreitung ihrer Ideen konnte manchmal Jahrzehnte dauern (wenn sie Glück hatten) und sie wurden oft nur als komische Käuze angesehen.

Im Lauf der Jahrhunderte wurde das binomiale, mathematische Wesen zu etwas Superintelligentem und Psychoanalytischem. Der Mathematiker dieser Zeit erscheint uns als ein fremdartiges Wesen, per Definition seltsam, hochbegabt und sehr, sehr, klug.

Der erste Spekulant

Einer der sieben Weisen Griechenlands, so Pausanias, war Thales von Milet (ca. 639–547 v. Chr.), ein Universalgelehrter, den wir für unsere Zwecke als Mathematiker bezeichnen werden. Laut Euklid war er der erste, der einige geometrische Wahrheiten bewies, die uns heute grundlegend erscheinen mögen, dies aber zu seiner Zeit nicht waren. Dazu gehört, dass es eine gerade Linie namens Durchmesser gibt, die den Kreis halbiert, dass die gleichen Seiten eines gleichschenkligen Dreiecks gleiche Winkel bestimmen und dass die Winkel, die als gegenüberliegende Innenwinkel bezeichnet werden, gleich sind. Außerdem stammt ein berühmter Satz von ihm, der seinen Namen trägt und der es ihm offenbar ermöglichte, die Höhe einer Pyramide zu messen, indem er ihren Schatten gleichzeitig mit dem eines Stabs abmaß, wie in der folgenden Abbildung gezeigt:

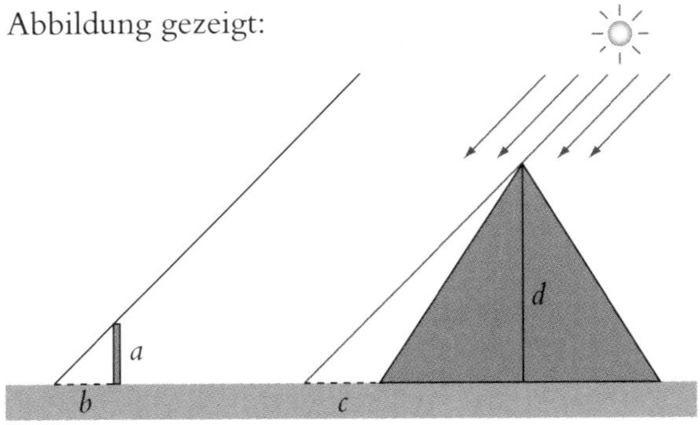

In Anwendung der Theorie, die seinen Namen trägt, berechnete Thales die Höhe d *aus der Höhe des Stabs* a *und der Länge der Schatten* b *und* c*:*

$$d = \frac{a \times c}{b}.$$

Er war kein gewöhnlicher Mensch, denn die griechischen Chronisten ordnen ihm verschiedene Errungenschaften zu, die alle seinen vermeintlichen Einfallsreichtum beweisen. Was die angewandte Mathematik betrifft, wollen wir nur die Geschichte von den Oliven erwähnen. Laut schriftlichen Berichten verfügte Thales über astronomische Kenntnisse (oder besser gesagt, astrologische Kenntnisse), die er gelegentlich zu seinem persönlichen Vorteil nutzte.

Er prognostizierte anhand des Verlaufs der Sterne, dass in einem bestimmten Jahr eine große Ernte bevorstehen würde und nahm daher alle Ölmühlen der Region unter Vertrag. Als die große Ernte bei den Mühlen eintraf und zu Öl verarbeitet werden sollte, hatte Thales sie bereits monopolisiert und wurde im Handumdrehen reich. Eine Geschichte für Unternehmer, die zeigt, dass man nie zu viel wissen kann, nicht einmal im alten Griechenland.

Kampf dem Betrug

Der große Archimedes von Syrakus (ca. 287–212 v. Chr.) ist nicht nur dafür bekannt, dass er nackt durch die Straßen gelaufen ist und „Eureka!" gerufen hat, sondern auch für seine geometrischen Entdeckungen und seine Erfindungen, die sein unvergleichliches Talent im Ingenieurwesen offenbaren. Er war auch einer der ersten Kämpfer gegen den wissenschaftlichen Betrug. Wie Archimedes selbst in seiner Abhandlung über Spiralen erklärt, hatte das frühreife Genie die Gewohnheit, seinen Freunden in Alexandria Beschreibungen seiner Theoreme und Entdeckungen zu senden, natürlich ohne die entsprechenden Beweise, damit sie sich amüsieren konnten, indem sie ihren Verstand schärften und die Sätze selbst bewiesen. Es war wie ein Geschenk, bei dem Archimedes nur den ersten Teil anbot, um die Neuronen seiner Kollegen zu stimulieren.

Manche von ihnen missbrauchten sein Vertrauen, veröffentlichten einige von Archimedes Theorien als ihre eigenen, in vielen Fällen sogar, ohne sich überhaupt die Mühe zu machen, nach Beweisen zu suchen. „Wenn Archimedes das sagt", müssen sie mit unverschämter Dreistigkeit gedacht haben, „dann muss es wahr sein". Archimedes war wütend und setzte von da an eine teuflische Versicherung gegen Betrug ein. Er fuhr fort, die Sätze zu senden, fügte aber auch immer einige falsche Aussagen ein. So konnte sichergestellt werden, dass jeder, der fälschlicherweise behauptete, einen von Archimedes' Sätzen selbst gefunden zu haben, das Unmögliche einfach nicht beweisen konnte.

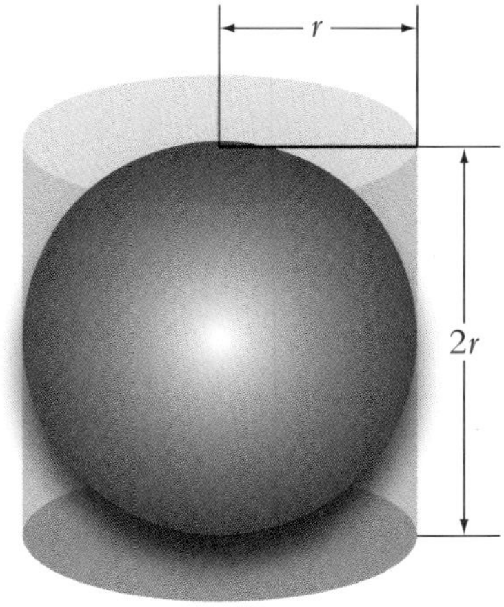

Archimedes war so begeistert von seiner Entdeckung der Beziehung zwischen den Flächen und dem Volumen eines Zylinders und einer eingeschriebenen Kugel, dass er sogar darum bat, sie auf seinem Grab abzubilden.

Eine neue Identität

Vor Jahrhunderten waren Pergamente aus Schaf- und Kuhfell oder dergleichen ein seltenes Gut, und jeder, der eines fand, hat nicht gezögert, es wiederzuverwenden, indem er das bereits Geschriebene löschte und darüber schrieb. Das Ergebnis war ein Palimpsest. 1906 entdeckte der dänische Historiker und Professor an der Universität Kopenhagen, J.L. Heiberg, eines dieser Palimpseste in einem türkischen Kloster. Es stammte aus dem 8. Jahrhundert und es gelang ihm, die orthodoxen Gebete und andere liturgische Angelegenheiten zu entfernen, die über einem früheren Text (175 Seiten Pergament!) geschrieben waren, einem Skript aus dem 10. Jahrhundert, irgendwann um 975. Dieser Text unter dem Text hat sicherlich nicht die Seelen seiner treuen Leser gerettet, aber stellte eine große mathematische Entdeckung dar. Er gehörte zu einem verlorenen Werk von Archimedes namens *Die Methode mechanischer Theoreme*. Ergänzt wurde er durch weitere Dokumente aus dem weisen

Griechenland, die alle sehr interessant waren. In dem Werk, vielleicht seinem letzten, verwendete Archimedes Konzepte, die unserer modernen Integralrechnung sehr nahe kommen (Eudoxus' „Methode der Erschöpfung", zusammen mit mechanischen Überlegungen zum Schwerpunkt der Körper) und bewies wieder einmal sein unvergleichliches Genie.

Doch die Abenteuer des Palimpsests waren noch nicht zu Ende. Es ging wieder verloren, nur um 90 Jahre später auf einer Auktion bei Christie's wieder aufzutauchen, wo ein Multimillionär das Palimpsest für rund 2 Millionen Dollar kaufte und es dann im Walters Art Museum in Baltimore deponierte, wo es glücklicherweise restauriert wurde (soweit es die heutigen Techniken erlauben) und es in Sicherheit zu sein scheint.

Eine Seite des Palimpsests von Archimedes (Quelle: The Walters Art Museum).

Der Laird of Merchiston

Dieser Titel gehört dem Mathematiker, Astrologen und Geisterbeschwörer John Napier (1550–1617), im Volksmund bekannt als der „Wunderbare Merchiston", einer der verehrtesten Namen der Geschichte – wir sprechen von dem Mann, der die Logarithmen eingeführt hat!

Wie viele Charaktere des 17. Jahrhunderts kann Napier nicht nach unseren üblichen Kriterien beurteilt werden, da weder er noch seine Zeitgenossen von unserer Wohlstandsverweichlichung gezeichnet waren. Der berühmte Samuel Pepys zum Beispiel betrachtete seinen Parmesankäse als sein wertvollstes Gut (während des „Großen Brands von London" wickelte er ihn ein und begrub ihn).

Napier gewann seinen Platz in der mathematischen Geschichte mit seiner Entdeckung der Logarithmen, die zu seinen Ehren als „napiersche Regeln" bezeichnet werden und sich in der Basis *e* ausdrücken. Viele seiner wissenschaftlichen Zeitgenossen, insbesondere die katholischen, schätzten seine komplizierten und genialen Berechnungen, zu welchem Datum das Ende der Welt zu erwarten sei. Napier platzierte es, basierend auf Daten aus der Johannes-Offenbarung, in der Zeit zwischen 1688-1700.

Einer der ersten napierschen Abakusse, ein kleines Kästchen mit den so genannten „napierschen Rechenstäbchen". Die Rechenstäbchen gaben dem Abakus seinen Namen. Er vereinfachte Berechnungen, weil er Logarithmen verwendete.

Vielleicht genauso falsch wie das Datum ist eine Anekdote, die oft über den Gutsherrn Napier und seinen schwarzen Hahn erzählt wird. Napier hatte Grund zu der Annahme, dass einer seiner Diener ihn bestohlen hatte. Man erzählt, er habe anschließend seinen Dienern befohlen, sich im Dunkeln aufzustellen. Seinen schwarzen Hahn schwang er im Kreise und befahl den Dienern, dessen Rücken zu streicheln. Dabei erklärte er ihnen, der Hahn habe einen Pakt mit dem Teufel geschlossen und würde ihn auf die schuldige Person aufmerksam machen, sobald er den Kontakt ihrer Hände spürte. Was niemand wusste, war, dass Napier zuvor den schwarzen Rücken des Hahnes mit Ruß von einer Lampe präpariert hatte. Als Napier anschließend die Hände seiner Dienerschaft untersuchte, waren sie alle schwarz vom Ruß; alle außer bei einem von ihnen, dem mutmaßlichen Täter, der vorgab, den Hahn im Dunkeln zu streicheln, ihn aber nicht berührt hatte. Wenn diese Geschichte nicht wahr ist, ist sie zumindest teuflisch gut erfunden.

Mathematiker sind verrückt

Astronomen, Mathematiker und Naturwissenschaftler im Allgemeinen haben bei kunstsinnigen Menschen immer schon ein Gefühl der Ablehnung hervorgerufen. Wenn wir außerdem bedenken, dass die Literaten für ihre Misanthropie bekannt sind sowie für ihre Bereitschaft, alles und jeden in Grund und Boden zu schreiben, können wir verstehen, warum sie den Naturwissenschaftlern nicht wohlgesonnen waren. Jonathan Swift (1667–1745) kommt in diesem Zusammenhang in den Sinn. Er war ein irischer Schriftsteller, der von einer Vorliebe für die Einmischung in die Angelegenheiten anderer Menschen (in seiner Literatur und überhaupt) besessen war.

In einem berühmten Buch schlug Swift vor, irische Kinder zu essen. Die Maßnahme mag einer kultivierten englischen Gesellschaft heftig vorgekommen sein, aber Swift argumentierte mit einem gewissen unmenschlichen Hohn, dass dies sowohl die Überbevölkerung Irlands als auch die Nahrungsmittelkrise der Insel lösen würde. Aus numerischer Sicht hatte er natürlich völlig Recht.

Es ist nicht verwunderlich, dass Astronomen, Mathematiker und Technologen im Allgemeinen Opfer seiner prosaischen Fantasien in „Gullivers Reisen" wurden. Auf der Insel Laputa lebt eine Mittelschicht mit einer Leidenschaft für Mathematik und alles, was damit zusammenhängt, die ihr Wissen aber völlig ungenutzt lässt. Ihre Kleidung ist unförmig, da sie nur aus geometrischen Formen besteht; ihre Gebäude sind schlecht gebaut; ihr Essen ist nicht sehr appetitlich, aber seine Form erinnert an euklidische Figuren; ihre astronomischen Entdeckungen sind sehr genau, aber nutzlos; ihre Erfindungen sind absurd usw. Der Gipfel: „Wenn sie zum Beispiel die Schönheit einer Frau oder eines anderen Tieres (*sic*) loben wollten, beschrieben sie sie mit Rauten, Kreisen, Parallelogrammen, Ellipsen und anderen geometrischen Begriffen". Man sehnt sich nicht gerade danach, dort zu leben. Und vergessen wir nicht den Namen der Insel; *la puta* bedeutet auf Spanisch „die Hure". Das vielleicht Unterhaltsamste ist die Art und Weise, wie die Laputaner sich den Theoremen nähern. Die Lehrer veranlassen die Schüler, sie zu essen und zu verdauen, im wörtlichen Sinne. All dies führt dazu, dass der Leser den Eindruck gewinnt, dass es besser ist, Mathematiker zu meiden. Swift-Experten sehen in Laputa als einen brutal verzerrenden Spiegel der Royal Society, der offiziellen, „gelehrten" Gesellschaft jener Zeit.

Wissenschaftliche Frühreife

Die Mathematik hat zu allen Zeiten frühreife Persönlichkeiten hervorgebracht. Während Pascal, Gauß und Fourier in der Vergangenheit ihre Altersgenossen ver-

Der französische Mathematiker und Astronom Pierre Bouguer.

blüfft haben, erinnern uns in der Gegenwart Norbert Wiener (1894–1964), Enrico Fermi (1901–1954), Paul Erdős (1913–1996), Edward Witten (geb. 1951) und Peter Shor (geb. 1959) daran, dass Frühreife ein wiederkehrendes Phänomen ist. Natürlich ist Frühreife keine notwendige Voraussetzung, um ein mathematisches Genie der Zukunft zu sein; die markantesten Beispiele sind Newton und Einstein, die in ihrer Kindheit oder Jugend keine besonderen Talente zeigten. Wir wissen, was für Spätzünder sie waren.

Ein paradigmatischer, aber wenig bekannter Fall ist der von Pierre Bouguer (1698–1758), den die Experten als Vater der Hydrographie betrachten. Er war auch der Erfinder des Heliometers, eines Instruments zur Messung des Durchmessers von Sternen. Bouguer ist dem Laien unbekannt, aber es gibt einen Mondkrater, der seinen Namen trägt, und, als ob das nicht genug wäre, einen weiteren auf dem Mars. Wissenschaftler scheinen ihn also zu schätzen.

Bouguer trat in die Fußstapfen seines Vaters in der Position des Professors für Hydrographie, eine Tatsache, die für sich allein genommen nicht besonders interessant ist. Interessant ist das Jahr, in dem dies geschah, 1713; Bouguer war damals erst 15 Jahre alt.

Zu Ehren des menschlichen Geistes

Es gibt viele romantisch-platonische Aussagen über die Nutzlosigkeit der Mathematik. Warum praktizieren wir sie dann? Carl Gustav Jakob Jacobi (1804–1851) prägte den Ausdruck „Zur Ehre des menschlichen Geistes", eine elegante Art auszudrücken, dass Mathematik aus Freude am Denken betrieben wird. Eine glühende Verteidigung des Vergnügens, die Nutzlosigkeit zu praktizieren, wurde von G.H. Hardy (1877–1947) zu Papier gebracht, in *A Mathematician's Apology*, einem berühmten und wunderschönen Essay. Hardy behauptete, er sei sehr stolz darauf, ein Spezialist für die Zahlentheorie zu sein, ein Wissensgebiet, von dem er (naiv) glaubte, dass es nie und nimmer von Nutzen sein würde. Aber die schönste Anekdote zu diesem Thema hat laut Stobaeus Euklid (um 325–265 v. Chr.) zum Protagonisten. Ein relativ neuer Schüler von Euklid fragte diesen nach einer Vorlesung: „Und was habe ich davon, wenn ich das alles weiß?" Euklid wandte sich an einen seiner Sklaven und sagte: „Gib ihm ein paar Münzen, es ist klar, dass er mit allem, was er lernt, etwas Geld verdienen muss."

Ein berühmter Mathematiker

Der große Leonhard Euler (1707–1783) war schweizerischer Herkunft und verbrachte sein Berufsleben zwischen Russland und dem Preußen von Friedrich dem Großen. Beide Nationen trafen während des so genannten Siebenjährigen Krieges in bewaffneten Konflikten aufeinander, und im Lauf der Aktivitäten zerstörten die Russen ein Anwesen von Euler. Die Nachricht darüber erreichte den General der russischen Truppen, der offenbar von Eulers Ruhm als Gelehrter wusste. Er bekräftigte, zwar mit dem Feind zu kämpfen, aber nie gegen die Wissenschaft, und entschädigte Euler großzügig für die Zerstörung seines Eigentums. Während Euler noch in den Ruinen seines zerstörten Anwesens stand, erhielt auch die Kaiserin von Russland Nachricht vom Geschehenen und entschädigte ihn ebenfalls sofort. Es gab eine Zeit, so scheint es, in der es nicht verkehrt war, Mathematiker zu sein, und in der Kollateralschäden bezahlt wurden. Euler mag vielleicht gehofft haben, dass die Kämpfe weitergingen.

Euler und Diderot

Leonhard Euler hatte 13 Kinder, er war 47 Jahre lang auf einem Auge blind, in den letzten 21 Jahren auf beiden und er schrieb etwa 800 Seiten pro Jahr. Er hatte auch ein phänomenales Gedächtnis und ein Talent für Berechnungen. Eines Nachts, als er nicht schlafen konnte, berechnete er die sechsten Potenzen von 1 bis 100 und konnte sich einige Tage später perfekt daran erinnern!

Außerdem war er Workaholic, seine Werke wurden in der St. Petersburger Akademie gestapelt und dann in umgekehrter Reihenfolge veröffentlicht, da sie nacheinander vom Stapel genommen wurden. Euler war so erstaunlich (und die Akademie so langsam), dass er schneller schrieb, als seine Arbeiten veröffentlicht wurden. Das Ergebnis war natürlich, dass Euler anscheinend in umgekehrter Reihenfolge zu allen anderen veröffentlichte, wobei die fortgeschrittensten Artikel

vor denen erschienen, in denen er die Entdeckung vorstellte, in einer Art rückwärtiger Zeitreise. Man könnte meinen, seine fortschreitende Blindheit sei eine Quelle der Verzweiflung gewesen, aber Euler war deswegen nie deprimiert. Als er in seiner Jugend das Augenlicht auf einem Auge verlor, sagte er: „So werde ich wenigstens weniger abgelenkt" – und arbeitete weiter!

Porträt von Euler, auf dem er als auf einem Auge blind dargestellt wird, gemalt von dem Schweizer Emanuel Handmann 1753.

Euler ist eine Quelle für Anekdoten, Geschichten und Wortspiele über Mathematik. Glücklicherweise sind sie so bekannt, dass es nicht nötig ist, sie alle hier zu erzählen. Interessant ist, dass ernsthafte Doktorarbeiten nicht über Euler als Person, sondern über seine Anekdoten geschrieben wurden. Hier ist eine von ihnen, die bereits Berühmtheit erlangt hat.

Dieudonné Thiébault erzählt uns in seinen Memoiren, dass Denis Diderot (1713–1784) den Hof von Kaiserin Katharina II. besuchte, wo Euler lebte. Euler war ein Protestant und damit ein Gläubiger, während Diderot damals (er litt unter religiösen Schwankungen) Atheist war. Wie Sie vielleicht erwartet haben fand bei Hofe eine philosophische Debatte über ihre Standpunkte statt. Euler begann mit den Worten: „Sir,

$$\frac{a+b^n}{n}=x$$

deshalb existiert Gott. Ich bitte um Ihre Antwort."

Diderot wusste nicht, wie er sich gegen diese mathematische Salve verteidigen sollte; laut Thiébault war er völlig unkundig in Bezug auf die Mathematik, sodass er schweigsam blieb, sehr zur Freude des restlichen Hofes. Er beschloss sehr bald darauf, nach Paris zurückzukehren.

Dies war die Anekdote. Die Realität, die von späteren Studien der American Mathematical Society belegt ist, wirft ein paar Schatten auf die Fakten, so sehr Thiébaults Memoiren wohlverdient für ihre Aufrichtigkeit und Lebhaftigkeit geschätzt werden. Die Geschichte erfuhr bei einer Transkription eine Änderung und es scheint, dass sich die Ereignisse nicht genau so zugetragen haben, wie sie in der Originalquelle erzählt werden. Auch ist es nicht wahr, dass Diderot unwissend in Sachen Mathematik war. Obwohl kein Experte, hatte er bereits einige wichtige Denkschriften zu verschiedenen Themen geschrieben. Außerdem wäre jeder durch Eulers Argument verwirrt worden. Es ist perfekter Unsinn, umso mehr, weil es vom weltbesten Mathematiker stammt. Und schließlich ist es ganz allgemein nicht verwunderlich, dass Diderot die Entscheidung getroffen hat, zu gehen. Die Rückkehr in ein warmes und gemütliches Paris ist das Beste, was man in einem eiskalten Ort voller russischer Aristokraten, die sich über einen lustig machen, beschließen kann.

Don Giovanni, der Mathematiker

Wissenschaftler werden nicht als besonders verführerische Menschen dargestellt. Denken Sie an den unsterblichen Professor Bienlein aus den "Tim und Struppi"-Comics, verwirrt, alternd, klein und ergreifend unsportlich. Mit ihrem Verstand verhält es sich ganz anders, sie werden als sehr intelligent und immer mit einem phänomenalen Gedächtnis beschrieben. Paul Erdös, der diese Beschreibung auf ein T-Shirt drucken ließ, erinnerte sich auswendig an die Telefonnummern jedes einzelnen seiner vielen Freunde.

Es stimmt jedoch, dass er nur eine Person mit ihrem Vornamen angesprochen hat. Das war Tom Trotter, den Erdös Bill nannte. Das stereotype Bild eines Wissenschaftlers ist ein kümmerlicher Mensch, hoffnungslos schlecht in allen Sportarten und im Allgemeinen ohne jeden Sexappeal. Natürlich ist das nicht realistisch, denn es gab große und kleine, athletische und plumpe, attraktive und hässliche, verführerische und abstoßende Mathematiker. Es gab alle möglichen Typen.

Was jedoch alle vergessen, ist, dass Don Juan, der König der Verführer, ein Mathematiker war. Außerdem gab es noch einen Mann, einen gutaussehenden Venezianer, der unter anderem Soziologe, Spion, Geschäftsmann, Gastronom, Kabbalist, Geiger, Einkäufer, Theologe, Anwalt, Spieler, Soldat, Betrüger, Tänzer, Diplomat, Politiker und natürlich Schriftsteller war. Dies sind die Tätigkeiten, die sich Giacomo Casanova (1725–1798) ans Revers heften kann, den nur wenige mit einer Wissenschaft in Verbindung bringen, die so angeblich trocken und intellektuell wie die Geometrie ist.

Casanova schrieb viele allgemein mathematische Texte, wie das fantastische *Epos Ikosameron* sowie ernsthafte Artikel über die Duplizierung des Würfels. Das

Interesse der Leser beschränkte sich jedoch immer auf seine Erinnerungen und insbesondere auf seine Leistungen als Liebhaber. Er hatte keine „*mille e tre*“ Affären wie die Oper von Mozart behauptet (es scheint, dass es nur 126 waren, die alle gewissenhaft aufgezeichnet wurden), aber es ist trotzdem eine imposante Zahl. Es gab also mindestens einen verführerischen Mathematiker.

Porträt von Giacomo Casanova, gestaltet von seinem Bruder Francesco.

Der mathematische Minister

Pierre Simon Laplace (1749–1827) erreichte die Höhen der französischen Verwaltung unter der Herrschaft von Napoleon Bonaparte, der ihn zum Innenminister ernannte. Das hätte er nie tun dürfen. Laplace zeigte kurz nach Beginn der Arbeit als Regierungsmitglied, dass er ein ebenso guter Mathematiker wie eine schreckliche Persönlichkeit des öffentlichen Lebens war – und seine Inkompetenz in Sachen Politik hatte ihre Folgen. Schon sechs Monate nach seiner Ernennung musste Napoleon ihn entlassen. Im Exil auf der Insel Sankt Helena nahm sich Napoleon die notwendige Zeit und Ruhe, Laplaces Beiträge zur Regierung zu qualifizieren, nicht ganz ohne Ironie:

Laplace, Geometer ersten Ranges, erwies sich bald als schlechter als der Durchschnitt; von seinen ersten Amtshandlungen an erkannte ich meinen Fehler. Laplace betrachtete keine Frage aus dem richtigen Blickwinkel. Er suchte überall Feinheiten, konzipierte nur Probleme und trug schließlich den Geist des „Infinitesimals“ in die Verwaltung.

Eine ziemlich harsche Kritik von jemandem, der die Menschen so gut kannte. Es ist interessant, dass Napoleon jemandem vorwirft, den Wald vor lauter Bäumen nicht zu erkennen, obwohl dies in seinen Büchern überhaupt nicht festzustellen war. Biot erzählt uns, dass Laplace häufig den Ausdruck „Il est aisé de voir que ...“ (was so viel wie „Man erkennt leicht, dass ...“ bedeutet) verwendete, wenn er wusste, wohin die Richtung ging, er aber zu faul war, für seine Leser ins Detail zu gehen. Laplace starb als Adliger. Als Napoleon stürzte, lief er auf die Bourbonenseite über und wurde zum Marquis de Laplace ernannt.

Auf der Suche nach der verlorenen Formel

Der Physiker und Mathematiker André-Marie Ampère (1775–1836) war einer der Entdecker des Elektromagnetismus. Die Einheit des elektrischen Stroms, Ampere, wurde zu seinen Ehren so genannt. Der Mann selbst war ein etwas vergesslicher Charakter; wie wir gleich sehen werden, passte er genau in das Stereotyp des verwirrten Intellektuellen. Man berichtet, er habe einmal einen heftigen Streit mit einem Besucher des Collège de France entfacht, ohne zu merken, dass er sich leidenschaftlich mit einem Mann stritt, der, ihm unbekannt, auf den Namen Napoleon Bonaparte hörte.

Einmal wurde Ampère bei der Fahrt in einer gemieteten Pferdekutsche von der Inspiration erfasst und schrieb sofort den flüchtigen Gedanken auf, um ihn nicht zu vergessen. Er vergaß jedoch, wo er ihn aufgeschrieben hatte und konnte seine Notiz nirgendwo finden. Am Ende kam er darauf, dass er seine Notizen nicht auf einem Blatt Papier festgehalten hatte, sondern auf dem gemieteten Wagen, der durch die Stadt fuhr und Fahrgäste beförderte, die nicht ahnten, dass an der Karosserie komplizierte Geheimnisse der Wissenschaft prangten. Ampère hatte keine andere Wahl, als sämtliche Pferdekutschen einzeln zu inspizieren, bis er glücklicherweise die Inschrift fand, nach der er suchte – „gelehrte“ Graffiti, wenn man es so nennen möchte.

Der Prinz der Mathematik

So wurde Carl Friedrich Gauß (1777–1855) von seinen Zeitgenossen genannt (wenn auch in Latein, *Princeps mathematicorum*). Er war zweifellos einer der Großen der Wissenschaft, dem unter anderem ein Asteroid, ein Mondkrater und eine Banknote sowie mehrere Briefmarken gewidmet wurden. Er war ein legendärer Mann mit bescheidenem Hintergrund, unglaublich frühreif und intelligent und wirklich ein

Kind seiner Zeit. Zum Beispiel schlug er seine Söhne mit dem Rohrstock und verbot ihnen, Wissenschaftler zu werden, aus Angst, dass der Ruf des Namens Gauß nicht auf höchstem Niveau bleiben könnte. Seine Reaktion, als ihm mitgeteilt wurde, dass seine Frau im Sterben lag, wird Ihnen eine Vorstellung von seinem seltsamen Familienkonzept geben: „Bitten Sie sie, einen Moment zu warten – ich bin gleich fertig“, so sagte er.

Der englische Mathematiker John Wilson (1741–1793) vermutete aus seiner Lektüre arabischer Autoren, dass

$$(n-1)! \equiv -1 \pmod n$$

Trotz aller Bemühungen konnte er dies jedoch nicht beweisen. Letztlich erklärte er, dass man in der Zahlentheorie eine neue Notation brauchte, um dies zu lösen. Der erste Beweis stammt von Lagrange, aber Gauß bewies, dass

$$\prod_{\substack{k=1 \\ (k,m)=1}}^{m} k \equiv \begin{cases} 0 \pmod m & \text{wenn } m = 1 \\ -1 \pmod m & \text{wenn } m = 4, p^\alpha, 2p^\alpha \\ 1 \pmod m & \text{in anderen Fällen} \end{cases}$$

Dies ist ein sehr viel allgemeineres Ergebnis, als von Wilson erdacht. Und das Beste ist, dass Gauß nur Minuten nach der Lektüre von Wilsons Vermutung sein Ergebnis gefunden hatte. Seine Kommentare zu den Bemühungen von Wilson waren bestenfalls scherzhaft: „Wilson braucht keine neue *Notation*, sondern ein neues Verständnis („*Notion*“) von dem, worüber er spricht.“

Gauß‘ Beweise waren immer einwandfrei, manchmal überraschend aus intellektueller Sicht, da er selbst dafür sorgte, dass die Quellen seines Denkens verborgen blieben, also der Weg, den er genommen hatte, um zum endgültigen Satz zu gelangen. Niels Abel sagte, dass Gauß sich wie ein Fuchs verhielt und seine eigenen Fußspuren mit dem Schwanz verwischte.

Der gute Mitarbeiter

Die Einführung der hyperbolischen Geometrie, einer der nicht-euklidischen Geometrien, ist dem russischen Geometer Nikolai Lobachevsky (1792–1856) zu verdanken, dem Wissenschaftler, der 1972 die himmlische Unsterblichkeit gewann, als ein Asteroid nach ihm benannt wurde.

Lobachevsky war ein vorbildlicher Kollege und ein unermüdlicher Arbeiter. Er wurde von der russischen Regierung mit Vorlesungen an der Universität Kasan beauftragt, dort gelang es ihm unbeabsichtigt, ein wachsendes Arbeitspensum anzuhäufen, sei es als Krankheitsvertretung oder durch Verwaltungsentscheidungen. Irgendwann war er nicht nur für den Unterricht, sondern auch für den Betrieb des Museums, der Bibliothek und sogar der Universitätssternwarte verantwortlich und übernahm sogar die Rolle des Generaldirektors für Studien. Angesichts all dessen ist es nicht verwunderlich, dass er schließlich zum Rektor der Einrichtung ernannt wurde.

Man sagt, er habe nicht gezögert, die Ärmel hochzukrempeln und bei allem zu helfen. Es gab nichts, wofür er sich zu schade war, und er griff selbst gerne zu einem Tuch, um Museumsstücke zu reinigen. Eines Tages betrat ein illustrer Besucher das Museum und bat einen fleißigen Hausmeister, ihn herumzuführen. Zu seiner Überraschung wusste der Hausmeister alles, zeigte ihm alles und ließ ihn staunend über seine Freundlichkeit und sein Wissen zurück. Der Besucher (manche sagen, es sei ein Diplomat gewesen) wollte diesem außergewöhnlichen Hausmeister mit einem Trinkgeld danken. Zu seiner Überraschung war der Hausmeister beleidigt und lehnte das Trinkgeld empört ab. Sie werden es geahnt haben, der so genannte Hausmeister war niemand anderes als Lobachevsky, der Rektor höchstselbst. Kurz darauf ließ sich der Besucher auf einem offiziellen Empfang blicken und stellte zu seiner Verlegenheit fest, dass sein vermeintlicher Hausmeister die oberste Stelle der Universität innehatte und sich unter den Gästen befand … diesmal korrekt gekleidet.

Als Dank für sein Engagement und als Zeichen der Wertschätzung für einen der besten Geometer der Welt kündigte die russische Regierung Lobachevsky seine Stelle in der Universität, als er langsam zu erblinden anfing. Er starb blind, arm und ohne offiziellen Job.

Während die zaristischen Führer ihn zu seinen Lebzeiten schlecht behandelten, versetzte ihm Jahre später die amerikanische Musik einen weiteren Schlag. In den fernen Vereinigten Staaten schrieb Tom Lehrer, ein Interpret von Comedy-Liedern, einen seiner Hits – den Song *Lobachevsky* –, in dem viele Witze auf Kosten des berühmten russischen Mathematikers gemacht werden und er wirklich nicht gut abschneidet. Das passiert, wenn man ein (zu) braver Mitarbeiter ist.

Nikolai Lobachevsky.

Ein Mathematiker in West Point

Ferdinand Hassler (1770–1843) war ein Geometer und Topograph Schweizer Herkunft und so offen und entspannt, wie die folgende Geschichte vermuten lässt. Hassler wurde eingeladen, in die Vereinigten Staaten auszuwandern und eine Stelle an der berühmten Militärakademie West Point anzutreten. Eines schönen Tages wurde er vom Finanzminister angerufen, der offenbar sparen wollte: „Sir", sagte dieser, „Ihr Gehalt ist enorm, fast so hoch wie das des Außenministers, und es sollte reduziert werden." „Stimmt", kam die Antwort, „aber der Präsident der Vereinigten Staaten könnte sogar jemanden wie Sie zum Außenminister machen, wenn er wollte, aber niemand kann einen Hassler ersetzen." Und so endeten das Gespräch und auch die Angelegenheit. Hassler erhielt weiterhin sein Gehalt in voller Höhe und der Finanzminister wurde natürlich nicht mit den Arbeiten von Hassler betraut.

Mathematisch, aber naiv

Michel Chasles (1793–1880) war ein ausgezeichneter französischer Geometer und Analytiker, aber jeder machte sich über ihn lustig.

1867 übermittelte er der Akademie der Wissenschaften stolz einige Briefe von Pascal, die zweifellos darlegten, dass die newtonschen Ideen über die universelle Anziehungskraft von dem französischen Genie vermutet worden waren, lange bevor der Sohn des treulosen Albion sie bekannt gegeben hatte. Ein wissenschaftlicher Eklat! Kontinentaleuropa hatte endlich einen Todesstoß auf der angelsächsischen Insel gelandet!

Die Briefe waren Chasles von einem Herrn Vrain-Denis Lucas verkauft worden, der ihm weiterhin immer interessantere Dokumente anbot. Zum Beispiel verkaufte er ihm (kistenweise, da er über so viel Material verfügte) Briefe von Julius Cäsar an Vercingetorix, von Julius Cäsar an Kleopatra, von Alexander dem Großen an Aristoteles usw. Er verkaufte ihm sogar einen Brief von Maria Magdalena an Lazarus. Chasles gab insgesamt rund 140.000 Franken aus.

Die Tatsache, dass ein Großteil des Materials auf Französisch und auf Papier geschrieben war, hätte den Verdacht des Käufers wecken sollen, aber Chasles – trotz allem ein guter Mathematiker – schien in der prosaischen Welt der alltäglichen Realität nicht die gleichen strengen Kriterien anzuwenden wie in seinen Berechnungen.

Ein irreführender Titel

James Joseph Sylvester (1814–1897) war ein englischer Mathematiker und Rätselfan, der viele Jahre lang an der Johns Hopkins University in den USA lehrte. Er trug viel zum mathematischen Fortschritt in der Neuen Welt bei, aber im mathematischen Universum kennen ihn die meisten Menschen als Kollegen von Arthur Cayley (1821–1895), die beiden waren unzertrennlich. Eine von Sylvesters Eigenschaften war seine Unkenntnis darüber, ob etwas bereits bewiesen worden war oder nicht. W.P. Durfee sagte, dass er sogar so weit ging, einen bestimmten Satz absurd zu nennen; es stellte sich heraus, dass es sein eigener war, und er selbst hatte ihn in die Kategorie eines Satzes erhoben.

Als Mann mit einzigartigem und feurigem Temperament veröffentlichte er 1858 einen Artikel im *Philosophical Magazine*, der ähnlich wie Darwin mit seinem *On the Origin of Species* einen echten Skandal in der viktorianischen Gesellschaft ausgelöst haben muss.

Sylvesters Artikel hieß *Über das Problem der Jungfrauen und die Allgemeine Theorie der Verbindungsteilung*. Sein Inhalt enthielt nichts Sündhaftes oder Provokatives, wie auch jeder Nicht-Mathematiker schnell herausgefunden hätte, wenn er ihn gelesen hätte. Außer vielleicht den Titel. Die vermeintlichen Jungfrauen sind nicht das, was man sich vorstellen will, denn für einen Algebraiker ist die „Regel der Jungfrauen" ein Algorithmus in der fortgeschrittenen Mathematik, auch „Regel von Ceres" genannt. Dieser geht auf die Zeit vor Euler zurück, der genaue Ursprung seines markanten Namens ist unbekannt. Er bezieht sich auf das Problem der Lösung eines Systems von zwei Gleichungen im Bereich der natürlichen Zahlen und gehört in den schwierigen Bereich der algebraischen Kombinatorik, nämlich der Berechnung von Partitionen.

Der Inhalt des Artikels mit dem angeblichen sexuellen Charakter war selbst 1858 harmlos. Hätten die Engländer 150 Jahre in die Zukunft reisen können, hätten sie im *New England Journal of Medicine* den sehr ernsthaften Artikel *The Spermicidal Potency of Coca-Cola and Pepsi-Cola* entdeckt, der brisanteren Inhalt bot.

Der Schwertkampf-Rektor

Der deutsche Mathematiker Karl Weierstraß (1815–1897) gilt allgemein als einer der Väter der logischen Strenge in der Infinitesimalrechnung. Die heutigen Mathematikstudenten verfluchen seinen Namen, weil Weierstraß verantwortlich für die berühmte Definition der Grenze der Kontinuität ist, mit seinen δ und ε:

Sie besagt, dass
$f(x)$ gegen y_0 geht, wenn x gegen x_0 geht, wenn für jedes $\varepsilon > 0$ es ein $\delta > 0$ gibt, sodass $|f(x) - y_0| < \varepsilon$ für jedes x mit $|x - x_0| < \delta$.

Weierstraß' Jugend war nicht besonders erbaulich. Groß und athletisch, mit einer Vorliebe für Bier und Mathematik ausgestattet, war er zudem ein erstklassiger Schwertkämpfer. Zu seiner Zeit war es normal, dass sich Studenten in Fechtvereinen und Burschenschaften trafen, sich gegenseitig herausforderten und ihre Männlichkeit bewiesen, sodass jeder es sehen konnte. Der Schutz, den sie benutzten, hielt sie von schweren Verletzungen ab, aber ihre Wangen waren nicht bedeckt und so waren diese ein bevorzugtes Ziel für Schläge. Wangen mit Narben, so genannten Schmissen, zu haben, galt als elegant und männlich. Weierstraß war ein so guter Fechter, dass er nie verletzt wurde; Jahre später zeigen uns Fotos seine makellosen Wangen.

Sein Leben voller Bier und Bequemlichkeit hinderte ihn daran, einen Universitätsabschluss und eine Promotion zu erhalten, wie er es sich erhoffte. Alles, was er hatte, waren seine Fechtkunst und ein Abitur, mit dem er als Lehrer arbeiten konnte. Er lehrte Physik, Mathematik, Geschichte, Sprachen, Geografie, Sport und, ob man es glaubt oder nicht, Kalligrafie.

Jahre später, als ihn seine mathematischen Verdienste adelten, wurde er Rektor der Berliner Universität und Ritter des von König Friedrich II. gegründeten Ordens „Pour le Mérite“, der höchsten Auszeichnung in Deutschland. Auch seine Doktorarbeit war außergewöhnlich und brachte ihm einen Ehrentitel der Universität Königsberg ein.

Karl Weierstraß auf einem Gemälde von Conrad Fehr.

Lassen Sie sie nicht den Hut abnehmen, ohne ihn ist sie sehr gefährlich

Diese Aussage, irgendwo zwischen Sexismus und Bewunderung angesiedelt, ist eine Einschätzung des berühmten Chemikers Robert Bunsen (1811–1899) über die russische Mathematikerin Sofia Kovalevskaya (1850–1891), einer der wenigen Frauen, die es in die Ruhmeshalle der Mathematik schafften.

Das kurze Leben von Frau Kovalevsky (dies war der Nachname ihres Mannes; er war ein fortschrittlicher Geologe und Freund von Darwin) liest sich wie ein Fortsetzungsroman mit allen möglichen filmischen Zutaten und romantischen Inhalten. Bislang wurden tatsächlich drei Filme durch sie inspiriert. Ihre Großmutter war eine Zigeunerin, ihr Großvater ein Adliger. Sie war eine Nachfahrin des ungarischen Königs Matthias Corvinus. Teilweise autodidaktisch, was aufgrund ihres Geschlechts nicht einfach war, war Kovalevskaya eine Schriftstellerin, Feministin und Politikerin, enge Freundin von Dostojewski, Mittag-Leffler und Weierstraß – der Frauen in der Wissenschaft nicht mochte, ihr schließlich aber doch Privatunterricht gab –, und die erste Frau der Welt, die einen Lehrstuhl an der Universität innehatte. Sie erhielt einen Bordin-Preis für ihr Studium der Mechanik des zusammengesetzten Pendels, war die jungfräuliche Ehefrau eines Selbstmörders, politisch engagiert, eine schöne Frau, die jung an einer Erkältung starb, die sich zur Grippe auswuchs … reichlich Stoff für ein Drama!

Russische Briefmarke von 1996 mit einem Porträt von Sofia Kovalevskaya.

Der Legende nach begann alles mit der Tapete im Haus ihrer Eltern, denn im riesigen und rückständigen Russland der Zaren dauerte es Monate, bis eine Tapete nach ihrer Bestellung eintraf. Aus diesem Grund wurde manchmal in Räumen, die weniger häufig genutzt wurden, anderes Papier verwendet. Eines der Kinderzimmer war mit solchem Papier tapeziert, das als unwichtig erachtet wurde und aus einem alten Notizstapel einer Mathematikvorlesung von Ostrogradski stammte, auf dem noch die Formeln für die Differential- und Integralrechnung zu lesen waren. Sofia begann, die Formeln selbst zu entschlüsseln und allmählich ihre Bedeutung zu verstehen, wie in einem wunderbaren Roman. Sofias Vater, ein für die Zeit typischer Mann, ein Generalleutnant mit alten Werten, für den Frauen kaum mehr als Reproduktionsmaschinen mit vernachlässigbarem Verstand darstellten, war entschieden gegen ein Studium einer seiner Töchter, umso mehr, wenn es etwas so Ungeeignetes wie die Naturwissenschaft war, ganz zu schweigen von der Mathematik.

Ein Freund der Familie, Herr Tyrtov, hatte ein Buch über Physik geschrieben, das er ihnen als Geschenk überreichte. Sofia las es nicht nur, sondern erstaunte Tyrtov, weil sie es sofort verstand. Tyrtov flehte den General an, sie dieses Fach studieren zu lassen, aber dieser weigerte sich weiterhin. Um ihre Freiheit zu erlangen, arrangierte Sofia eine „weiße" Hochzeit mit Vladimir Kovalevsky, eine Vernunftehe, bei der beide Ehepartner den Sex aus ihrer Partnerschaft ausklammerten. Dies war der Preis der Freiheit. Der Rest ist Geschichte und kann leicht aus anderen Quellen verfolgt werden; wir werden nicht weiter darauf eingehen.

Kapitel 6

Mathematiker aus der jüngsten Vergangenheit

„Ein Mathematiker ist eine Maschine, die Kaffee in Theoreme verwandelt."

Paul Erdös

Ein seltsamer Diakon

Der Diakon Charles Lutwidge Dodgson (1832–1898) hat es nie zum Priester gebracht. Stattdessen wurde er bekannt unter seinem Pseudonym Lewis Carroll, mit dem er in die Geschichte einging. Der Autor von unter anderem *Alice im Wunderland* und *Alice hinter den Spiegeln* war auch Mathematik- und Logikprofessor mit seltsamen Hobbys und einem parallel stattfindenden akademischen Leben, ähnlich wie Dr. Jekyll und Mr. Hyde. Jeder kannte ihn als überbordenden Fantasy-Autor. In seinem normalen Leben war er Amateurfotograf, der von seinen Mathematikvorlesungen am Christ Church College, Oxford, lebte.

Eine Szene aus **Alice im Wunderland**, *illustriert von Sir John Tenniel.*

Carrolls Leben ist voller Anekdoten, aber die vielleicht berühmteste von ihnen ist leider nicht wahr: Angeblich las Königin Victoria begeistert seine Romane und befahl, auch das nächste Werk des Autors zu kaufen und ihr zu übergeben. Das nächste Buch allerdings, das die Königin erhielt, war *An Elementary Treatise on Determinants*. Offensichtlich war es nicht das, was sie erwartet hatte.

Exzellenz und ihre Skala

Der Name William Thomson (1824–1907) sagt Ihnen vielleicht nichts. Dies ist sein echter Name, aber in Büchern tritt er als Lord Kelvin auf, dem Titel, mit dem er im viktorianischen Zeitalter für seine Bemühungen um die Verlegung des ersten transatlantischen Kabels bekannt wurde, dessen Installation so viel zur Verbindung von Amerika und Europa beigetragen hat.

In seiner Jugend muss Lord Kelvin in seiner Nachbarschaft ziemlich unbeliebt gewesen sein. Er war der Sohn eines Mathematikprofessors, hatte sich eine Zeit in London aufgehalten (er war Schotte, man könnte sagen, ein Landei), hatte Französisch in Paris gelernt und war so intelligent, dass es fast unerträglich war. Ein Artikel von ihm für die Royal Society of Edinburgh musste von einem älteren Professor eingereicht werden, denn hätte die wissenschaftliche Gesellschaft das Alter des Autors gekannt (er war immer noch ein Jugendlicher), hätte sie die Einreichung abgelehnt, in der Annahme, es sei ein Streich.

Viele Anekdoten über Kelvin sind sehr lustig. Man erzählt sich beispielsweise, dass er als Professor drei Kästen vor sich hatte, die er „Fegefeuer“, „Himmel“ und „Hölle“ nannte. In jeder Vorlesung zog er einen Namen aus dem Fegefeuer und ließ den entsprechenden Studenten die Stunde zusammenfassen. Abhängig von der Leistung des Vortragenden warf er den Namen anschließend in einen der beiden anderen Kästen.

Tatsache ist, dass ihn seine Frühreife und die angenehmen Verhältnisse, in denen er lebte, etwas hochmütig machten. An der Cambridge University erhielt er seine erste Lektion aus der realen Welt. Es war eine universitäre Tradition (bis 1909) für Mathematikstudenten des dritten Jahrgangs, Mathematikprüfungen abzulegen und anschließend nacheinander nach der erreichten Punktzahl eingeordnet zu werden. Der letzte Platz erhielt einen imaginären Holzlöffel (ein Brauch, der im Rugby fortbesteht), die erstplatzierten Schüler wurden Wrangler genannt: erster Wrangler, zweiter Wrangler usw.

Der erste Wrangler zu sein, war eine große Ehre; Cayley, Herschell, Littlewood,

Eddington, Adams usw. erreichten alle diese Position. Es kam sogar vor, dass der Titel des ersten Wranglers an Lord Rayleigh (den Nobelpreisträger) ging und eine Notiz in der *Times* veröffentlicht werden musste, in der klargestellt wurde, dass die Position nur auf seine Noten zurückzuführen war, nicht auf seinen Titel und Einfluss. Lord Kelvin bestand die Prüfung und schickte mit einer gewissen Gleichgültigkeit einen seiner Diener los, um die endgültige Liste einzusehen. Als der Diener zurückkam, zweifelte Lord Kelvin nicht einen Moment lang daran, dass er der erste Wrangler geworden war und fragte nach: „Nun, wer ist der zweite Wrangler?", worauf der Diener antwortete: „Sie, Sir". Der erste Wrangler war jemand anderes. Die Aufzeichnungen sagen uns nicht, ob der Diener seine Stelle behalten hat. Zweiter Wrangler zu sein ist auch nicht schlecht; zum Beispiel erhielten James Clerk Maxwell und J. J. Thomson, die das Elektron entdeckten, diesen Titel. Andere Schüler, die später berühmt wurden, besetzten bescheidenere Positionen auf der Skala: Hardy war Vierter; Bertrand Russell Siebter; Malthus Neunter; Keynes Zwölfter. Exzellenz, wie wir gesehen haben, lässt sich nicht an einer Prüfung messen.

William Thomson, 1. Baron Kelvin.

Es war nicht Mittag-Lefflers Fehler

Alfred Nobel (1833–1896), der Sprengstoffhersteller, ist verantwortlich für die bedeutendsten Auszeichnungen der Geschichte, die so genannten Nobelpreise. Es gibt Nobelpreise für Physik, Chemie, Literatur, Medizin und Frieden. Später, 1969, entschloss sich die Nobel-Stiftung dazu, die von der Royal Swiss Bank finanzierte Auszeichnung für Ökonomie aufzunehmen. Die naheliegende Frage ist, warum es keinen Nobelpreis für Mathematik gibt. Im 21. Jahrhundert gibt es jedoch ein mathematisches Äquivalent zu den Nobelpreisen: den Abel-Preis, der zum Gedenken an den großen norwegischen Mathematiker Niels Abel (1802–1829) ins Leben gerufen und von der Norwegischen Akademie für Wissenschaft und Literatur verliehen wird. Er wurde 2003 erstmals vergeben, hier die Liste der Preisträger bisher:

Jahre	Abelpreisträger
2003	Jean-Pierre Serre
2004	Michael Atiyah Isadore Singer
2005	Peter Lax
2006	Lennart Carleson
2007	Srinivasa Varadhan
2008	John Thompson Jacques Tits
2009	Michail Gromov
2010	John Tate
2011	John Milnor
2012	Endre Szemerédi
2013	Pierre Deligne
2014	Yakov G. Sinai
2015	John F. Nash Jr. & Louis Nirenberg
2016	Andrew J. Wiles
2017	Yves Meyer
2018	Robert Langlands
2019	Karen Uhlenbeck

Es ist schon bittere Ironie, dass der Abel-Preis ein Preisgeld von 550.000 Dollar mit sich bringt, während Niels Abel tatsächlich verhungert ist.

Es gibt mehrere Erklärungen für die Motive von Nobel, aber sie lassen sich in zwei Beispielen beleuchten, die beide den wichtigsten schwedischen Mathematiker der damaligen Zeit, Gösta Mittag-Leffler (1846-1927) betreffen.

Gösta Mittag-Leffler, der Mann, der nichts dafür konnte.

Eine der bekanntesten „Erklärungen" besagt, dass Mittag-Leffler Nobel seine Geliebte (andere Verschwörungstheorien sprechen von seiner Frau) ausgespannt hatte, ein Ereignis, das von Nobel mit Empörung aufgenommen wurde, sodass er beschloss, keinen Preis für Mathematiker zu stiften. Es ist wahr, dass Mittag-Leffler groß und gutaussehend war, aber wir wissen nicht einmal, ob er Nobel jemals getroffen hat, da ihre Interessen sehr weit auseinanderlagen – auch räumlich, da Nobel 1865 Schweden verließ und nur wenige Male in sein Land zurückkehrte. Übrigens, die Geschichte über Nobels Frau kann widerlegt werden: Nobel blieb sein ganzes Leben lang Single.

Andere, weniger durchsichtige „Erklärungen" behaupten, Nobels Entscheidung läge daran, dass der Mathematiker beim Erwerb seines persönlichen Vermögens ein paar Leute über den Tisch gezogen habe. Auch darin steckt kein Körnchen Wahrheit, denn Mittag-Leffler war weder wohlhabend noch wurde durch Finanzoperationen reich, er heiratete einfach eine reiche Dame.

Die einfache Schlussfolgerung könnte sein, dass Alfred Nobel keinen Nobelpreis für Mathematik ins Leben rief, weil er es nicht für notwendig hielt. Mathematik hatte einfach nichts mit seinem Alltag zu tun.

Von der Frau verbannt

Der körperliche oder geistige Missbrauch von Frauen ist inakzeptabel. Zu Beginn des 20. Jahrhunderts war dies noch nicht der Fall, wie Amalie Emmy Noether (1882–1935), vielleicht die wichtigste weibliche Mathematikerin, die die Welt je gesehen hat, bezeugen konnte. Ihre Missgeschicke begannen früh. Im Jahr 1915 akzeptierte die Universität Göttingen diese weibliche Doktorin mit unverkennbarem intellektuellem Ruf nicht als Professorin. Das Argument dieser sehr prominenten Institution hätte aus einer Anthologie des Unsinns stammen können.

Auf dem Höhepunkt des Ersten Weltkriegs fragten sich die Entscheidungsträger der Versammlung pharisäisch, wie die stolzen Soldaten nach ihrer Rückkehr von der Verteidigung ihres Vaterlands reagieren würden, wenn sie Mathematikunterricht von einem minderwertigen Wesen wie einer Frau erhielten. Möglicherweise flüsterten sie sich auch gegenseitig in die Ohren, dass eine Professorin eine Stimme gegen sie bei der Verwaltung der Fakultät bedeutet hätte. Ergebnis: Emmy Noether änderte den testosterongeschwängerten *status quo* 1915 nicht. David Hilbert (1862–1943), der der Vorsitzende war und genug von diesem Unsinn hatte, erklärte vergeblich: „Was spielt das Geschlecht des Kandidaten eine Rolle? Der Vorstand ist kein Badehaus." Viel später, 1919, wurde Emmy schließlich von der Universität aufgenommen, erhielt aber keine konkrete Stelle und auch kein Gehalt.

Als sie 1933 auf antisemitischen Druck der Nationalsozialisten in die Vereinigten Staaten emigrierte, hatte sie dort mit ähnlichen Problemen der Intoleranz zu kämpfen. Ihre Position am Bryn Mawr College war sehr gut bezahlt, aber die Institution war nur für Mädchen vorgesehen und besaß nicht den Status einer Universität. Die Universität von Princeton nahm nur Männer auf. Emmy wurde von keiner Universität eingestellt und sah sich mit dem etwas lächerlichen Paradoxon konfrontiert, dass ein einfacher College-Professor Konferenzen und Seminare im Institute for Advanced Study in Princeton leiten durfte, wo einige ihrer ehemaligen Studentinnen Büros hatten und auf dessen Fluren sich übrigens auch Albert Einstein aufhielt.

Hilberts makaberer Enthusiasmus

Wenden wir uns einem Teil der Persönlichkeit von David Hilbert zu, Poincarés Nachfolger für den Titel des weltbesten Mathematikers und zerstreuten Weisen, der alle anderen übertraf. Viele Anekdoten erzählt man sich über den Zustand der halbwegs ewigen Ahnungslosigkeit, in der Hilbert seine weltliche Existenz verbrachte, aber das Folgende ist köstlich.

David Hilbert.

Eines Tages reichte einer von Hilberts besten Schülern eine Skizze eines Beweises der berühmten Riemann-Hypothese ein, und Hilbert musste Himmel und Hölle in Bewegung setzen, um einen Fehler in der Argumentation des jungen Mannes zu finden. Dieser Student war wirklich vielversprechend. Doch eines Tages starb der Student und Hilbert, der davon zutiefst betroffen war, fragte seine Familie, ob er auf dem Friedhof ein paar Worte an seinem Grab sagen könne. Am Tag der Zeremonie regnete es. Inmitten eines Waldes von Regenschirmen und Tränen sprach Hilbert ein paar Worte, während die Gemeinde ganz hingerissen zusah: Kein geringerer als der große Hilbert hielt eine ehrende Ansprache beim Tod eines Studenten. Aber Hilbert geriet schnell in Fahrt, erwähnte den Toten und seine Talente, erzählte von seinen Interessen und seinem Wissen und fuhr dann mit der Riemann-Hypothese fort! Zum Entsetzen und Erschrecken der Teilnehmer erklärte er sie dann, damit alle sie verstehen konnten. „Wenn wir beispielsweise eine Funktion $f(z)$ nehmen, wobei z etwa zum Feld der komplexen Zahlen gehört...." Es folgte ein Grundkurs in mathematischer Analyse. Stellen Sie sich die Szene vor, ein offenes Grab, ein regnerischer Tag, die angeschlagenen Eltern des Verstorbenen, Verwandte usw., und vor ihnen ein begeisterter Redner, der eine Vorlesung über Funktionen mit komplexen Variablen hält. Das lässt einen den Kopf schütteln.

Wie Sie ahnen, gibt es viele zerstreute Mathematiker, über die wir unzählige Geschichten erzählen könnten. Witold Hurewicz (1904–1956) parkte einmal sein Auto und ging wie gewohnt arbeiten. Als er fertig war, fuhr er nach Hause, aber mit dem Zug; er vergaß, dass er mit dem Auto gekommen war. „Nun ... das macht doch nichts", könnte man sagen. Aber am nächsten Tag wollte Hurewicz zurück in sein Büro, bemerkte mit Ärger, dass er kein Auto hatte und meldete der Polizei einen Diebstahl . Der unbeschreibliche Paul Erdös (1913–1996) war bei einem Bekannten zu Gast und fragte ihn aus Höflichkeit, woher er komme. „Aus Vancouver", kam die Antwort. Erdös' Gesicht leuchtete auf: „Ah, dann kennst du vielleicht meinen Freund Elliot Mendelson." „Ich bin Elliot Mendelson", antwortete er. Das ist wirklich die Spitze der Zerstreutheit.

Einfach und schwierig

Eine der wahren Größen der Wirtschaft ist John Maynard Keynes (1883–1946), 1. Baron Keynes von Tilton. Es besteht keine Notwendigkeit, dass wir das Loblied für jemanden singen, der so berühmt ist, dass es bereits unzählige Male getan wurde. Keynes selbst erklärte einmal, dass der Nobelpreisträger für Physik, Max Planck (1858–1947), der Vater der Quantenphysik und zweifellos Besitzer eines visionären Geistes, ihm in Berlin gestanden habe, dass er in jungen Jahren Ökonom werden wollte – aber die Wirtschaft war ihm zu schwierig. Ein klares Bekenntnis zu Ohnmacht und Bescheidenheit, das Keynes großmütig und als Hommage an sein eigenes Talent betrachtete. Aber seine Freude hat nicht lange gedauert. Bei einem

Treffen, das einige Tage später am King's College in Cambridge stattfand, erzählte Keynes fröhlich von Plancks Geständnis. Einer der Teilnehmer, der Historiker Lowes Dickinson, erklärte, dass der Universalgelehrte Bertrand Russell ihm einmal gesagt habe, dass er eigentlich, als er jung war, Ökonom werden wolle, aber er habe die Idee aufgegeben, weil er die Wirtschaft für zu einfach hielt.

Was einem Nobelpreisträger für Physik schwierig erschien, erschien einem Literaturnobelpreisträger einfach. Niemand verlieh Keynes den Nobelpreis für Wirtschaft, weil er noch nicht geschaffen worden war.

Eine Frage der Parität

Der ukrainische Physiker und Astronom George Gamow berichtete von einer illustren Konferenz mit vielen wichtigen Physikern im Jahr 1929: Die Klein-Nishina-Formel wurde vorgestellt, eine Formel, die für das Verständnis der Elementarteilchen grundlegend ist, da sie mit etwas so Bedeutendem (für die Eingeweihten) wie der Dispersion von Photonen im Bereich der Quantenchromodynamik zusammenhängt. Der Artikel, der die berühmte Formel enthielt, trug den Titel *Über die Streuung von Strahlung durch freie Elektronen nach der neuen relativistischen Quantendynamik von Dirac*, und war das Werk von Oskar Klein (1894–1977), schwedischem Physiker, und Yoshio Nishina (1890–1951), einer der verehrten Vaterfiguren der modernen Physik. Die Konferenz wurde von Nishina selbst geleitet und unter den Teilnehmern befand sich auch ein stilles (aber gefährliches) Genie, der englische Physiker und Mathematiker Paul Dirac (1902–1984), der noch keinen Nobelpreis erhalten hatte.

Nishina brachte seine Argumente ohne große Schwierigkeiten auf die Tafel, bis einer der Teilnehmer ihn darauf hinwies, dass sein letztes Ergebnis ein Minuszeichen enthielt, das im Originalartikel nicht enthalten war. Nishina griff den Hinweis auf, er musste irgendwann auf dem labyrinthischen Weg der Berechnungen einen überflüssigen Fehler im Vorzeichenwechsel gemacht haben. „Schauen Sie selbst nach, der Artikel enthält irgendwo den richtigen Vorzeichenwechsel." In dem Moment öffnete sich eins von Diracs Augen – er schien während der gesamten Demonstration geschlafen zu haben, wie es seine Gewohnheit war: „Suchen Sie es an einer ungeraden Anzahl von Orten", erklärte Dirac so köstlich wie peinlich genau. In der Tat spielt es keine Rolle, ob der Fehler bei einem Zeichen oder bei drei, bei fünf, bei sieben usw. liegt, das Einzige, was zählt, ist die Parität des Fehlers, nämlich dass die Anzahl der Vorzeichenfehler ungerade ist. Einige würden sagen, da sprach der mathematische Geist Diracs, andere würden annehmen, er wollte mit seiner Bemerkung die Kollegen ein wenig auf den Arm nehmen.

Paul Adrien Maurice Dirac, Gewinner des Nobelpreises für Physik.

Der Dritte in der Gruppe

Es gab eine Zeit, in der der Name Sir Arthur Eddington (1882–1944) von allen verehrt wurde. Sein Status als Astrophysiker sollte enorme und universelle Ausmaße annehmen; er war praktisch ein offiziell anerkannter Weiser. Unter anderem lag ihm die Numerologie am Herzen, und er propagierte gerne, was er die „kosmische Zahl" nannte, die der Anzahl der Partikel im Universum entsprach, die von Eddington selbst wie folgt beziffert wurde, nämlich

$$136\cdot 2^{256} = 15.747.724.136.275.002.577.605.653.961.181.555.468.044.717.914.527.116.709.366.231.425.076.185.631.031.296,$$

ein buchstäblich astronomischer Wert, den Eddington mit Eleganz handhabte. Er war ein großartiger Mathematiker, sehr gesprächig und hatte eine anziehende Persönlichkeit.

Er soll intelligent genug gewesen sein, Einsteins Relativitätstheorie zu verstehen, die damals ein Paradigma des Unverständlichen und Geheimnisvollen war. Es gibt eine Anekdote genau darüber. Der polnisch-amerikanische Physiker Ludwik Silberstein (1872–1948), ein anerkannter Experte für Relativitätstheorie, schmeichelte dem Engländer mit den Worten: „Es heißt, dass Sie einer von nur drei

Menschen auf der Welt sind, die in der Lage sind, Einsteins Relativitätstheorie zu verstehen." Eddington dachte kurz nach und erwiderte: „Und wer ist der Dritte?" Natürlich hatte er im Kopf bereits sich selbst und Einstein nominiert.

Sir Arthur Eddington (rechts) neben Albert Einstein.

Der Mathematiker, den es nie gab

Auf der Suche nach der Crème de la Crème der lustigen Geschichten über Mathematiker ist es üblich, über Nicolas Bourbaki zu sprechen. Wir haben sein Geburtsdatum nicht angegeben, weil er in der Tat keines hat. Nicolas Bourbaki, eine der einflussreichsten Persönlichkeiten der Mathematik des 20. Jahrhunderts, existiert eigentlich nicht, er ist ein Produkt der Fantasie. Obwohl es schwierig ist, ein Geburtsdatum für jemanden festzulegen, der nicht existiert, kann man sagen, dass etwa 1935, als die Winde des Krieges, die die Welt erschüttern sollten, noch eine leichte Brise waren, eine Gruppe junger Mathematiker, darunter André Weil (1906–1998), Henri Cartan (1904–2008), Claude Chevalley (1909–1984), Jean Dieudonné (1906–1992) und einige mehr übereinkamen, eine mathematische Abhandlung über einen neuen Ansatz zu verfassen, der für alles vom Allgemeinen bis zum Besonderen funktionieren würde. Die Texte sollten anonym veröffentlicht werden, der fiktive Autor sollte Bourbaki sein und die Spielregeln könnten nicht idealer und fortschrittlicher sein. Vor der endgültigen Version sollte jedes Manuskript angeblich alle Mitglieder der Gruppe durchlaufen, um durch persönliche Beiträge verbessert zu werden. Was tatsächlich geschah, war, dass die Treffen am Ende zu lautstarken Kämpfen im

Hinblick auf die Entwürfe wurden (wo die donnernde Stimme von Dieudonné vorherrschte), oft sogar zu einem echten Chaos verkamen. Dann kamen der Krieg und die Nachkriegszeit und nacheinander wurden unverdauliche, aber unangreifbare Bücher unter dem Namen Bourbaki veröffentlicht. Diese waren nichts weniger als legendär, wegen ihrer Allgemeingültigkeit, des Konzepts der Mathematik, das sie predigten, und, wie man betonen sollte, aufgrundder Originalität ihrer kollektiven Autorschaft und Anonymität. Nach und nach traten weitere Wissenschaftler, nicht alle französisch, zu der Gruppe hinzu, die sich ständig erneuerte.

Namen wie Laurent Schwartz (1915–2002), Roger Godément (1921–2016), Samuel Eilenberg (1913–1998), Jean-Pierre Serre (geb. 1926), Alexander Grothendieck (1928–2014), John Tate (geb. 1925), Serge Lang (1927–2005), Alain Connes (geb. 1947), Jean-Christophe Yoccoz (1947–2016) sind mit dem glorreichen Namen Bourbaki verbunden, gemeinsam mit vielen anderen, die wir nicht erwähnt haben – zum einen, weil dies eine sehr lange Liste wäre, zum anderen, weil es oft nicht bekannt ist, ob die Betreffenden zur Bourbaki-Gruppe gehörten oder nicht. Bourbaki hingegen sah weiterhin bemerkenswert jung aus und besaß einen eindeutig französischen Sinn für Humor. Ganze Anekdotenbücher könnten über Bourbaki geschrieben werden, einen mythischen Namen, der übrigens von einem wenig bekannten, französischen General entlehnt ist.

Eine dieser Anekdoten stellt Nicolas Bourbaki perfekt dar. Ralph Boas (1912–1992), Präsident der Mathematical Association of America, übernahm die Aufgabe, Bourbakis Papier für die allgemeine amerikanische Öffentlichkeit auf den Seiten von *Scientific American* zu klären, wo er in aller Offenheit erklärte, dass Bourbaki ein Pseudonym für eine Gruppe von hauptsächlich französischen Fachleuten sei. Stellen Sie sich seine Überraschung vor, als er eines Tages einen Brief eines Herrn Nicolas Bourbaki in der Post fand, in dem dieser energisch gegen seine Nicht-Existenz protestierte.

Natürlich nahm Boas das humorvoll auf, da er es für einen Witz eines der Bourbakisten hielt. Aber das war ein Fehler, er erkannte nicht die perversen und rachsüchtigen Vorstellungen von Bourbaki. Kurz darauf tauchten mysteriöse Gerüchte auf, die sich weit verbreiteten und Mathematiker weltweit über die Nicht-Existenz eines Ralph Boas unterrichteten. Es handle sich hierbei vielmehr um den Namen einer Gruppe junger amerikanischer Wissenschaftler und sei nur ein Pseudonym für eine nicht existierende Einheit namens Boas.

Abschließend wollen wir Bourbaki gnädig aus dem Leben verabschieden. 1968 erschien sein Nachruf, der sein endgültiges Dahinsterben verkündete. Im Alter von

33 Jahren verließ Bourbaki wie Jesus Christus unsere Welt. Der Nachruf, der von den trauernden Verwandten/Autoren herausgegeben wurde, kündigte einen Trauergottesdienst an, und in einem letzten Gag wurde ein Kondolenzschreiben an alle Bourbakisten und Sympathisanten geschickt, das einen Vers aus dem Buch eines imaginären Heiligen, Grothendieck IV, 22, zitierte.

Ein Computer und der Kalte Krieg

Dem Zweiten Weltkrieg folgte unmittelbar ein weiterer, nicht erklärter, der so genannte Kalte Krieg, der mit der Zeit abklang und nach dem Fall der Berliner Mauer schließlich und endgültig vom Westen gewonnen wurde. In diesem Zeitraum von 44 Jahren war der stille Wettbewerb zwischen den beiden Seiten nicht nur politisch, sondern betraf auch die wissenschaftliche Welt und sogar das scheinbar nicht damit zusammenhängende Gebiet der Mathematik.

1945, kurz nach dem Ende des bewaffneten Konflikts, traf die UdSSR auf eine Welt des Wissens, auf die sie nicht vorbereitet war. Zum Beispiel gab es unter ihrer intellektuellen Elite ein großes Interesse an Computertechnologie, aber es gab nicht einmal einen einzigen Computer im Land. Und als man versuchte, einen zu kaufen, um zu sehen, wie er funktioniert (und um ihn natürlich zu kopieren), stolperte man über alle möglichen Schwierigkeiten.

Im selben Jahr bauten die Vereinigten Staaten den ENIAC, den ersten effektiven, digitalen Computer. Die kommunistische Bürokratie, konfrontiert mit der physischen Unmöglichkeit, eine so riesige (und knappe, weil einzige) Maschine zu erhalten oder gar zu kopieren, gab ein Schreiben der Einkaufsabteilung der sowjetischen Regierung an die University of Pennsylvania heraus, in dem sie darum bat, eine Kopie dessen zu kaufen, was die UdSSR den „Roboterrechner“ nannte. Das Schreiben wurde vom Dekan der Universität unverzüglich an die US-Militärbehörden weitergeleitet. Der Brief erhielt nie eine Antwort, sodass die UdSSR ohne ENIAC auskommen musste. Und wie sie zurechtkamen! Die Computermathematik erlebte eine bedeutende Entwicklung durch die Genies des Ostblocks. Sie fanden sogar Zeit, Informatikkoryphäen wie Andrey Kolmogorov (1903–1987) zu fördern.

Ein Alien in den USA

John von Neumann (1903–1957), Johnny für seine Freunde, wurde als Ungar geboren und János getauft. Seine Zeitgenossen dachten manchmal wirklich, er sei ein Außerirdischer, da sein Gedächtnis, seine Geschwindigkeit und Rechenfähigkeit, die Effizienz seiner Argumentation sowie die Bandbreite seiner Interessen wirklich übermenschlich waren. Er war vielleicht der letzte Mensch, der in der Lage war, die gesamte Mathematik seiner Zeit zu beherrschen; das wäre heute sicherlich nicht mehr möglich, da der Anwendungsbereich des Feldes zu umfangreich ist.

Ein anderer Mathematiker, George Pólya (1887–1985), der für seine Scharfsinnigkeit beim Ersinnen von Problemen bekannt war, verkündete einmal, dass ein bestimmter Satz nicht bewiesen sei. Von Neumann ging an die Tafel, nahm ein Stück Kreide und führte den Beweis innerhalb weniger Minuten durch. Man sagt, Pólya habe ihn fortan mit größter Ehrfurcht betrachtet.

Hans Bethe (1906–2005), Nobelpreisträger für Physik 1967, stufte die in Mathematikseminaren behandelten Probleme in zehn Stufen mit zunehmender Schwierigkeit ein: „Ein Stufe-1-Problem ist der Typ, den sogar meine Mutter verstehen kann. Stufe 2 kann von meiner Frau verstanden werden, okay, vielleicht…" Im Zeitraffer: „Stufe 7 besteht aus allen Problemen, die ich verstehen kann. Stufe 8 würde aus denjenigen Aussagen bestehen, die nur der Dozent und Johnny von Neumann verstehen können. Stufe 9 enthält diejenigen, die nur Johnny verstehen würde, da der Dozent hier nichts mehr verstehen würde. Und Stufe 10 wäre die Menge der Probleme, die nicht einmal von Neumann verstehen könnte. Aber davon gibt es wirklich nur noch sehr wenige."

John von Neumann war einer der Gründerväter der elektronischen Computer.

Norbert Wiener

Der US-Mathematiker Norbert Wiener (1894–1964) ist bekannt als Schöpfer der Kybernetik und Wunderkind par excellence. Er ist Protagonist so vieler Geschichten über seine zerstreute Weisheit, dass wir sie hier keinesfalls auflisten können. Es gibt jedoch ein weniger bekanntes Beispiel, das die Erwähnung wert ist.

Stellen Sie sich eine Vorlesung am legendären Massachusetts Institute of Technology vor, in der Wiener seine Weisheit in Höchstgeschwindigkeit vermittelte, die Tafel mit Symbolen und Ideen überflutete und zum Entsetzen seiner Zuhörer durch ein schillerndes Meer von Konzepten und Theoremen segelte, in dem die Studenten unweigerlich versinken müssen. Einer der Zuhörer beschloss, einen Waffenstillstand bei diesem Bombardement zu beantragen: „Bitte, könnten Sie das alles etwas langsamer wiederholen?" Wiener folgte der Aufforderung, freundlich, wie er war, und tat, was von ihm verlangt worden war, allerdings so, wie er es verstanden hatte. War er zu schnell gewesen? Okay, entspannen wir uns. Wiener stellte sich für mehrere Minuten reglos neben die Tafel. Nach einer Zeitspanne, die er für die mentale Verdauung für ausreichend hielt, kehrte er lächelnd an die Tafel zurück, setzte hinter allem, was er geschrieben hatte, einen letzten energischen Punkt mit Kreide – und die Vorlesung war beendet. Natürlich hat niemand etwas verstanden.

Eine unlogische Aussage

Der Logiker, der die zeitgenössische Mathematik wohl am stärksten beeinflusst hat, ist der Österreicher Kurt Gödel (1906–1978), ein großer Mathematiker, der in allen zukünftigen wissenschaftlichen Enzyklopädien für seine beruflichen Leistungen vertreten sein wird – und leider auch in allen Anekdotensammlungen, aufgrund seines seltsamen Charakters, der im Laufe der Jahre immer mehr überhandnahm.

In seinen letzten Jahren hielt Gödel es für zweckmäßig, die US-Staatsbürgerschaft anzunehmen, und nach den Vorgaben seiner Wahlheimat durchlief er die dafür notwendigen Verfahren, die unter anderem die Nennung einiger Bürgen und den Eid auf die Verfassung vor einem Richter erforderten. Die Bürgen waren zwei Freunde von ihm, und was für Freunde! Beide hatten, wie Gödel, ihren Abschluss am Institute for Advanced Study in Princeton gemacht. Einer von ihnen war Albert Einstein, der andere Oskar Morgenstern (1902–1977), der Ökonom, der (zusammen mit John von Neumann) die Spieltheorie entwickelte. Beide wussten von Gödels fortschreitender Paranoia und fürchteten, dass er, obwohl er seine neue Staatsbürgerschaft erlangen wollte, es sich selbst schwer machen würde. Gödel hatte die US-

Verfassung gelesen und sein scharfer Verstand hatte in ihrem Text Grauzonen gefunden. Insbesondere behauptete er, dass die Verfassung Fehler aufweise und Schlupflöcher enthalte, durch die ein diktatorisches Regime installiert werden könne.

Der Richter begann seine Anhörung und setzte mit diesen herausragenden Persönlichkeiten – immerhin drei der brillantesten Köpfe der Welt – zur Diskussion an. Der Richter erklärte Gödel mit großer Höflichkeit, dass das, was in seiner Heimat (von der er leider dachte, sie sei Deutschland, dabei war Gödel Österreicher) geschehen sei, sich nie wieder wiederholen würde: „Die amerikanische Verfassung wird eine Diktatur in unserem Land nicht zulassen." Das war wie ein rotes Tuch für einen Stier. Gödel setzte zu einer flammenden Rede an. Seiner Meinung nach gab es eine Lücke in der Verfassung, die eine Diktatur ermöglichen könnte. Seine Bürgen beeilten sich, seine Rede zu unterbrechen, vielleicht mit einem taktisch klugen Hinweis auf das Wetter. Am Ende erhielt Gödel die von ihm angestrebte Staatsbürgerschaft. Der Richter gewährte sie ihm, vermutlich, damit er ihm nicht weiter zuhören musste.

„Ende gut, alles gut", muss sich Einstein gedacht haben. Morgenstern dachte wahrscheinlich: „Wie bin ich nur in dieses Chaos geraten!", während Gödel sich wahrscheinlich ärgerte: „Ich durfte es nicht erklären!"

Kurt Gödel am Institute for Advanced Study, Princeton.

Ein spezielles Vokabular

Paul Erdös war nicht nur ein produktiver und besonderer Mathematiker, er drückte sich auch in einer besonderen Sprache aus, wenn er nicht gerade Mathematik studierte. Diese Ausdrucksweise war womöglich eine Folge seiner obsessiven Praxis der Mathematik, denn er verwendete „Variablen“ und Codes, selbst für Alltagsbegriffe. Ein paar ausgewählte Beispiele haben wir hier aufgelistet (weitere sind leicht online zu finden):

Von Erdös verwendeter Begriff	Bedeutung
Boss	Frau
Sklave	Ehemann
Epsilon	Kind
Gefangen	Verheiratet
Erneut gefangen	Erneut verheiratet
Befreit	Geschieden
Gift	Alkohol
Lärm	Musik
Predigen	Eine Vorlesung halten
Oberster Faschist	Gott
Ankommen	Geboren werden
Existieren	Mathematik machen
Sterben	Mit der Mathematik aufhören
Uns verlassen	Sterben
Mündliche Prüfung	Folter
János	Ungarn (von János Kadar, ungarischer kommunistischer Diktator)
Samland (von „Uncle Sam“)	USA
Joedom (von Josef Stalin)	UdSSR
Auf der langen Wellenlänge	Kommunist (von der Farbe Rot)
Auf der kurzen Wellenlänge	Faschist (von der Farbe Blau)
Sam- und Joe-Show	Internationale Nachrichten
Das Buch	Eine Sammlung der brillantesten mathematischen Beweise
Triviale Einheit	Jemand, der sich nicht mit Mathematik beschäftigt
Mein Geist ist offen	Ich bin bereit für etwas Mathematik
Was war es, als es noch lebte?	Welche Sorte Fleisch ist das?

Eine perfekter Trick

Mathematiker sind in der Lage, so wunderbare Tricks zu erfinden, dass es eine Schande ist, dass das nicht ihre eigentliche Aufgabe ist. Der Mathematiker John Allen Paulos (geb. 1945) hat auf dem Buchmarkt reüssiert und Mathematikbücher geschrieben, die sich übrigens international sehr gut verkauft haben.

Sein erfolgreichstes Werk trägt den Titel *Zahlenblind*. Darin beklagt Paulos die Unwissenheit des modernen Menschen in Bezug auf den numerischen Alltag. Zum Beispiel gibt es Millionen von Menschen, die nicht richtig Prozentrechnen können, und es ist bedauerlich, dass ein so einfaches Konzept selbst in den Schlagzeilen von Zeitungen falsch gehandhabt wird.

Aber das ist nicht der Grund, warum wir über Paulos sprechen. In *Zahlenblind* beschreibt er ausführlich einen Investitionsbetrug, den jeder mit einem bestimmten Anfangskapital tätigen könnte. Wir nehmen diesen Trick in dieses Buch auf, auch auf die Gefahr hin, von den Behörden belangt zu werden. Nehmen wir an, wir senden 64.000 Nachrichten mit einem speziellen Inhalt. In der Hälfte der Mitteilungen empfehlen wir eine bestimmte Investition und in der anderen Hälfte empfehlen wir, nicht zu investieren. Es wird also 32.000 Nachrichten geben, die sich als guter Rat erweisen. Jetzt wiederholen wir die Operation, sagen wir fünf weitere Male, wobei wir die Adressen der Menschen, die wir falsch beraten haben, nicht mehr berücksichtigen. Zum Schluss haben wir 1.000 Adressen von Personen, die sechs aufeinanderfolgende Empfehlungen für gute und richtige Investitionen erhalten haben.

In einer so unsicheren und wettbewerbsintensiven Welt sind sechs richtige Empfehlungen in Folge ziemlich unglaublich. Und damit haben wir 1.000 potenzielle Kandidaten für unseren Betrug gewonnen. Nun können wir mit ziemlicher Sicherheit mindestens einen unserer 1.000 Kandidaten davon überzeugen, uns einen großen Betrag zu übergeben, den wir angeblich für ihn gewinnbringend anlegen werden. Diesmal allerdings werden wir das Geld unserem leichtgläubigen Opfer nicht zurückgeben. Nur zur Erinnerung, es war Paulos, der dies erfunden hat! Nicht unsere Idee!

Dem *Da Vinci Code* ist nicht zu trauen

Der Roman *Sakrileg* – Originaltitel *The Da Vinci Code* – war nicht nur ein Bestseller in jeder Sprache, in der er veröffentlicht wurde, sondern auch eine großartige Lektüre für mathematische Geister, da viele der Rätsel arithmetisch oder geometrisch sind. Der Roman kritisiert Institutionen wie Opus Dei, was ihm einige

Kritik eingebracht hat. Diese Kritiker könnten weitere Gründe für ihre Verbitterung finden, würden sie erkennen, dass sogar einige der mathematischen Komponenten in der Handlung von *Sakrileg* ungenau sind. Wir werden ein Beispiel nennen.

In Kapitel 22 ist der böse und etwas dümmliche Silas von der Rosenlinie in der Kirche Saint Sulpice ganz verzaubert. Die Linie ist ein Metallband, das durch den Boden verläuft und 1727 von Architekten als Gnomon konstruiert wurde, d. h. ein astronomisches Gerät, mit dem der durch das Sonnenlicht erzeugte Schatten die genaue Zeit der Sommersonnenwende anzeigt. Das Problem ist, dass der Autor, Dan Brown, die Linie auf dem Boden als die Linie identifiziert, die den Pariser Meridian anzeigt. Aber das ist nicht der Fall. Der authentische Meridian befindet sich auf einer imaginären Linie, viele Meter entfernt: Sie ist in der Pariser Sternwarte als durchgehende Linie zu sehen und wird auf dem Trottoir der Stadt durch mehr als 100 Bronzemedaillons mit dem Namen Arago markiert, dem ersten Mathematiker, der die Position des Meridians berechnet hat. Das erste Medaillon befindet sich in der Mitte der berühmten Pyramide des Louvre.

Die Rosenlinie auf dem Boden der Kirche Saint Sulpice erstreckt sich bis zum Obelisken im Hintergrund (Quelle: PHGCOM).

Das Metallband, das den Meridian in Paris im Observatorium der Stadt zeigt.

Ein Genie in Aktion

Der Engländer Stephen Hawking (1942–2018) war ein herausragender Wissenschaftler mit außergewöhnlichen Fähigkeiten. An den Rollstuhl gefesselt und Opfer einer degenerativen, unheilbaren Krankheit war er zeitlebens Futter für die Presse, insbesondere der Boulevardpresse. Hawkings Haupttätigkeitsbereich war die Astrophysik und er selbst war einer der besten Kandidaten für den Posten des wissenschaftlichen Vorzeigegenies, der seit Albert Einstein unbesetzt war.

In seiner Jugend studierte Hawking in Oxford, wo er nicht nur gnadenlos alle Vorlesungen besuchen musste, sondern auch all die schrecklich schwierigen Aufgaben lösen musste, die den Studenten zwischen den Vorstellungen gestellt wurden, womit sie beweisen sollten, dass sie alles verstanden hatten. Irgendwann waren er und seine Freunde mit einer Reihe besonders schwieriger Aufgaben konfrontiert. Einige fingen an, an der Lösung zu arbeiten, auch über Nacht. Am nächsten Tag hatten Hawkings Klassenkameraden zweieinhalb Aufgaben gelöst. Unser Held hat sich erst nach dem Frühstück mit der Aufgabe beschäftigt, drei Stunden vor der Vorlesung, in der die Hausaufgaben abgegeben werden mussten. Kurz vor dem Unterricht erschien Hawking und sah etwas niedergeschlagen aus. „Komm schon, Hawking, wie ist es gelaufen? Hast du welche gelöst?“ Antwort: „Verdammt, ich bin nicht fertig geworden. Ich habe nur die ersten zehn geschafft.“

Dumm, aber nicht ganz dumm

Jean Leray (1906–1998) war einer der bedeutendsten französischen Mathematiker des 20. Jahrhunderts. Obwohl er eng mit den Ideen der Bourbaki-Gruppe verbunden war, gehörte er nicht zu dem heute legendären Kollektiv. Leray war Patriot und als Mann mit bewiesenem Intellekt wurde er von den Nazis, die Frankreich besetzt hatten, als Gefahr eingestuft. Von 1940 bis 1945 hielt man ihn im Gefangenenlager Edelbach fest.

Leray war eine Koryphäe für Strömungsmechanik. Seine Ergebnisse aus der Untersuchung eines Problems – der Navier-Stokes-Gleichungen – waren grundlegend für dessen Lösung. Aus Angst davor, die Nazis könnten sein Wissen entdecken und ihn zwingen, es für militärische Zwecke zu nutzen, änderte Leray sein Interessengebiet radikal und widmete sich der Topologie, einem Zweig der Mathematik, der damals als nutzlos und für das Militär völlig uninteressant galt. Aber weil Leray nicht anders konnte, wurde er selbst im Gefangenenlager eine weltweit anerkannte Koryphäe für algebraische Topologie.

Nichts dauert jedoch ewig. Der Krieg endete, Leray überlebte und wurde befreit. Als er zur Arbeit zurückkehrte, verließ er die Topologie, seine jahrelange Begleiterin, und kehrte in das Land der Gleichungen in partiellen Ableitungen zurück. Er hatte den Kontakt nie verloren.

Mehr als gewollt

Es gibt bestimmte Arten von Humor, die zugegebenermaßen lästig sind. Auf Seite 75 (der Ausgabe von 1965) des Buches *Méthodes mathématiques pour les sciences physiques* von Laurent Schwartz (1915–2002), einem anerkannten Mitglied der Bourbaki-Gruppe und 1950 Gewinner einer Fields-Medaille, findet sich dafür ein wunderbares Beispiel. Die Seite am Ende des Kapitels enthält mehrere Aufgaben. Das humorige Element findet sich in Aufgabe 8. Sein Wortlaut, übersetzt aus dem

Französischen: „Eine der vorigen Fragen ist falsch. Welche?“ Jeder arme Student, der sich durch die Aufgaben 1 bis 7 gekämpft hat, wird hier zweifellos fluchen, statt über den Humor des Autors zu kichern. Sieben Aufgaben im Schweiße seines Angesichts zu lösen, ist eine Sache, aber später gesagt zu bekommen, dass eine davon falsch ist, aber nicht welche, ist noch einmal eine ganz andere Nummer.

Aber ist unsere verehrte Mathematik genau genommen nicht die Kunst des Denkens? Vielleicht trifft Schwartz dann den Nagel auf den Kopf – und Aufgabe 8 ist somit eine ganz und gar fantastische Aufgabe!

Exercices sur le chapitre 1

On dit que les deux normes sont équivalentes si chacune d'elles est plus fine que l'autre.
Montrer que sur $\mathcal{E}^0_{[0,1]}$, $\|\cdot\|_2$ est plus fine que $\|\cdot\|_1$.
En utilisant la suite de fonctions $f_n(t)$ définie sur $[0, 1]$ par

$$f_n(t) = \begin{cases} 0 & \text{pour} \quad t \geqslant 1/n \\ -nt + 1 & \text{pour} \quad 0 \leqslant t \leqslant 1/n \end{cases}$$

montrer que $\|\cdot\|_1$ et $\|\cdot\|_2$ ne sont pas équivalentes

6° Montrer que pour $\|\cdot\|_2$, $\mathcal{E}^0_{[0,1]}$ est un espace de Banach

7° On considère la suite de fonctions $f_n(t)$ définie sur $[0, 1]$ par:

$$f_n(t) = \begin{cases} 0 & \text{pour} \quad t \leqslant 1/2 \\ n(t - 1/2) & \text{pour} \quad 1/2 \leqslant t \leqslant (1/2 + 1/n) \\ 1 & \text{pour} \quad t \geqslant (1/2 + 1/n) \end{cases}$$

Montrer que pour $\|\cdot\|_1$, c'est une suite de Cauchy qui ne converge pas vers une fonction f de $\mathcal{E}^0_{[0,1]}$. Pour $\|\cdot\|_1$, $\mathcal{E}^0_{[0,1]}$ n'est donc pas complet.

8° Une des questions ci-dessus est fausse. Laquelle?

Die Seite aus dem Buch Méthodes mathématiques pour les sciences physiques, *wo am Ende bekanntgegeben wird, dass eine der vorhergehenden sieben Aufgaben falsch war.*

Der Verdienst von Jacques Tits

Tits (zu Deutsch: „Titten“) ist ein vielleicht etwas unangemessener Nachname für einen angesehenen Algebraiker. Es fällt schwer, sich einen Universitätsprofessor vorzustellen, der einen so prägnanten Nachnamen hat, welcher in den Gängen und in Hörsälen voller englischsprachiger Studenten ausgerufen wird. Zweierlei sollte man über Jacques Tits (geb. 1930), Träger eines Wolf-Preises (1993) und eines Abel-Preises (2008), wissen: Erstens ist er kein Engländer, sondern Belgier, der die französische Staatsbürgerschaft angenommen hat, als er gebeten wurde, am Collège de France zu unterrichten. Zweitens ist er absoluter Spezialist für Gruppentheorie. Tatsächlich gibt es eine einfache Gruppe, die seinen Namen trägt – die Gruppe $^2F_4(2)'$, oder die Tits-Gruppe. Sie hat 17.971.200 Elemente. Außerdem hat er neue Konzepte entwickelt, wie z. B. „Gebäude", eine kombinatorische Struktur, auf der eine Gruppe agiert.

1995 wurde er vom deutschen Orden „Pour le Mérite" mit dem „Croix de Grand Officier" ausgezeichnet. Das ist an sich nicht ungewöhnlich, denn Tits ist ein prominenter Wissenschaftler und lehrte neun Jahre lang in Berlin. Das Ganze beginnt seltsam zu werden, wenn man feststellt, dass alles in Französisch angegeben wird. Der Orden wurde 1740 von Friedrich II. (dem Großen) gegründet, einst König von Preußen (Französisch war damals die Amtssprache des Hofes), und zwar nur als Anerkennung für Kriegshandlungen, die damals als ausreichend nobel galten. Um 1842 gründete Friedrich Wilhelm IV. einen zivilen Zweig des Ordens, dem auch nichtmilitärische Personen angehören konnten. Alfred Einstein zum Beispiel war einer der Dekorierten, aber die Nazis zwangen ihn, seine Medaille zurückzugeben. Seit 1952 wird diese Auszeichnung mit großer Zurückhaltung vom deutschen Kanzler bzw. Kanzlerin verliehen.

Und wissen Sie, wer sie schon 1918 erhalten hat? Ein gewisser Hermann Göring, Held der frühen deutschen Luftfahrt und zukünftiger Reichsmarschall. Ich glaube nicht, dass sich die Belgier oder die Franzosen an Göring erinnern, aber es hat Tits nichts ausgemacht, in einer Reihe mit Göring in „Pour le Mérite" zu stehen. Vielleicht hat er sogar gelächelt. Wir können Göring nicht mehr fragen.

Ich werde alt

Dies ist unvermeidlich. Viele Menschen haben sich das schon gedacht oder es auch ausgesprochen. Für einige dieser Menschen, die ein brillantes Leben geführt haben, ist dies besonders schmerzhaft. Fields-Medaillen zum Beispiel belohnen nicht die mathematische Karriere eines ganzen Lebens (dies ist für die Abel-Preise reserviert), sondern mathematische Leistungen vor dem 40. Lebensjahr. Sir Andrew Wiles erhielt die begehrte Medaille nicht, obwohl er Fermats berühmten Satz bewiesen hat. Als er seine Leistung vollbracht hatte, war er noch keine 40 Jahre alt, aber er verbrachte eine ganze Zeit damit, einen Fehler im Beweis zu korrigieren, und als er es schließlich geschafft hatte, hatte er die schicksalhafte Altersgrenze bereits um wenige Monate überschritten!

Dass sich Mathematiker jenseits der 40 auf den „Elefantenfriedhof" zurückziehen, ist zweifelhaft. Obwohl ein junger Körper einen frischen Geist beherbergt, sind sich die Experten einig, dass jeder Mensch anders altert. Laurent Schwartz (1915–2002), Mitglied des Russell-Tribunals, Vater der Verteilungstheorie und Gewinner einer Fields-Medaille, erkannte, dass er alt wurde, als er sich dauernd Notizen machen musste. Schwartz war so etwas wie Borges' Charakter „Funes the Memorious". Er verbrachte fast sein ganzes Leben an der Spitze der Wissenschaft, ohne eine einzige Notiz zu machen. Er nahm an Konferenzen und Seminaren teil und speicherte Tausende und Abertausende von Tafeln voller Formeln in seinem ganz besonderen Gedächtnis ab. Als er erkannte, dass er Notizen machen musste, gab er darum selbst zu, alt zu werden. Er konnte sich nicht mehr an alles erinnern.

Laurent Schwartz, Mathematiker und auch Politiker, war ein großer Sammler von Schmetterlingen, die er ebenso liebte wie die Mathematik.

Kapitel 7

Mathematischer Schwanengesang

„Die Mathematik ist eine präzise Wissenschaft. Man erkennt sofort, wenn man sie nicht beherrscht."
Anonym

Manchmal kann eine mathematische Kuriosität nicht einer bestimmten Person zugeschrieben werden, sondern mehreren. So ist beispielsweise der Tod berühmter Mathematiker bisweilen von Interesse. Betagt im Bett zu sterben ist nicht dasselbe wie hingerichtet zu werden. Euler (dessen Tod später in diesem Kapitel erzählt wird) war ein Mann mit Erfahrung in Russland, weil er dort lange Zeit lebte. Wenn jemand bemerkte, dass er wenig redete, pflegte er zu antworten: „Wussten Sie nicht, dass ich aus einem Land komme, in dem man gehängt wird, wenn man zu viel redet?" Es gibt Schicksale mit thematischen Obertönen, die viele Menschen betreffen. Wir wollen uns ein paar davon ansehen, dann werden wir klüger sein.

Die Glocken klingen nach Tod

Wir finden den Tod seltsam faszinierend, besonders wenn er auf ungewöhnliche Weise eintritt. So wurde beispielsweise der große Archimedes (ca. 287–212 v. Chr.) vom Schwert eines zornigen Soldaten durchbohrt, der von dem Weisen provoziert worden war, während dieser Diagramme im Staub auf den Boden zeichnete. Archimedes hatte die Drohungen des Soldaten mit so etwas Saloppem wie „Belästige mich bloß nicht und pass auf, dass du nicht auf meine Zeichnungen trittst" beantwortet. Dieses Ende war ausreichend dramatisch, um in die Geschichte einzugehen, vor allem, weil Plutarch es erzählt und ihm eine gewisse Authentizität verleiht.

Der Tod von Eratosthenes von Kyrene (276–194 v. Chr.), dem Mathematiker, der die erste ernsthafte, geometrische Berechnung des Erddurchmessers vornahm, ist weniger spektakulär. Man sagt, dass er im Alter von 80 Jahren (was damals ein sehr hohes Alter war) lebensmüde und blind war und einfach nichts mehr aß, sodass er schließlich verhungerte.

Der Tod des italienischen Physikers und Mathematikers Evangelista Torricelli (1608–1647) wird normalerweise auf etwas zu seiner Zeit ganz Normales zurückgeführt, nämlich Typhus. Eine grausamere (und wahrscheinlich falsche) Version führt sein Ableben jedoch auf ein überwältigendes Gefühl der Scham zurück. Kurz vor seinem Tod wurde er von Gilles de Roberval (1602–1675) wegen einiger Entdeckungen über Zykloide des Plagiats beschuldigt, und der Legende nach starb er aus Bestürzung über diese öffentliche Diskreditierung. Es scheint jedoch nicht besonders glaubwürdig, dass Torricelli ein derart sensibles Seelchen war.

Der große Leonhard Euler erlitt einen beispielhaften Tod: organisiert, sauber und würdig für den größten Mathematiker der Welt, ein Titel, der ihm zu seinen Lebzeiten zweifelsfrei zuerkannt wurde. Eines Morgens im Jahr 1783 unterrichtete er einige seiner Enkelkinder. Die Schulen waren damals nicht das, was sie heute sind, und viele Menschen der Mittelschicht nahmen Hausunterricht. Als er anschließend eine Tasse Tee trank, murmelte er: „Ich sterbe" … und er ist gestorben. Das ist alles.

Nicolas de Condorcet (1743–1794), Marquis von Condorcet, erscheint in Enzyklopädien als französischer Philosoph, Wissenschaftler, Mathematiker, Politiker und Politikwissenschaftler. Er war ein Akademiker, der eine Vielzahl von mathematischen Artikeln in der berühmten *Encyclopédie Française* verfasst hat, und überdies war er ein hoch angesehener Analyst. Als Aristokrat war er zudem per Definition ein Verdächtiger zu Zeiten der Revolution, unabhängig von seiner Geisteshaltung. In der Legislative gehörte er zu den Girondisten und war für die Bildung im ganzen Land verantwortlich – eine große Ehre. Aber als Robespierre und seine Handlanger kamen, nutzte ihm das alles nichts. Condorcet musste fliehen, wurde erkannt und inhaftiert, weil er ein Omelett bestellt hatte! Das wurde ihm zum Verhängnis aufgrund seiner mangelnden Erfahrung im wirklichen Leben (er war immer von Dienern umsorgt worden), denn Condorcet bat den Wirt naiv, es mit zwölf Eiern zuzubereiten. Dieser Vorschlag wurde vom Wirt als der eines typischen Aristokraten interpretiert und er meldete den inkognito reisenden Condorcet. So starb er einige Tage später im Gefängnis (nicht an dem cholesterinhaltigen Omelett). Es wird vermutet, dass er in Kenntnis der Behandlung von Gefangenen durch Robespierre Selbstmord beging.

Weniger bekannt, vielleicht wegen des Mangels an Dramatik, ist der Tod von Joseph Fourier (1768–1830), einem Mann, der sich bemüht hat, die Wärmetheorie analytisch darzustellen. Es wird berichtet, dass er in jungen Jahren Reden für Prediger in seiner Pfarrei schrieb, so frühreif und talentiert wie er war. Fourier war besessen von hohen Temperaturen und zu Hause lebte er (mit großen

Schwierigkeiten) in einer erstickenden Atmosphäre. Diese Manie hatte er in Ägypten entwickelt, wohin er mit Napoleons Armee gezogen war. Er war davon überzeugt, dass die Hitze alles konservierte, einschließlich des Lebens der Menschen. Er hatte gesehen, wie die enorme Hitze der Wüste die Körper vor dem Verfall bewahren konnte (eigentlich ist es jedoch die Trockenheit), und kehrte in der Überzeugung zurück, dass Hitze auch seinen Körper frisch halten würde. Fourier trug selbst im Sommer dicke Kleidungsschichten. Er war ein Verfechter der Hitze und niemand konnte ihn zur Vernunft bringen. Und es war auch die Hitze, die eines Tages sein Leben in Form eines Herzinfarkts beendete, wie mehrere Quellen bezeugen.

Dramatischer war der Tod von Évariste Galois (1811–1832), der im Alter von 20 Jahren an den Folgen eines Duells um die Liebe starb. Um der Geschichte eine seltsame Wendung hinzuzufügen, sollten wir erwähnen, dass Galois die Stunden vor dem Duell dazu nutzte, eine Zusammenfassung seiner mathematischen Ideen für einen seiner Freunde zu verfassen und ihn zu bitten, sicherzustellen, dass sie an Jacobi oder Gauß geschickt wurden, also an Denker, die sie seiner Meinung nach zu schätzen wussten.

Man erzählt, George Boole (1815–1864), der großartige Logikspezialist und Professor in Cork, Irland, fand sein Ende durch eine irreführende Heilmeinung. An einem regnerischen Tag wurde Boole nass und starb bald darauf an einer Lungenentzündung. Seine Frau kümmerte sich liebevoll um ihn, aber eben auf eine Art und Weise, wie es in Irland damals üblich war. Zu dieser Zeit herrschte die Meinung vor, eine antihomöopathische Behandlung würde helfen, wobei man Schüssel für Schüssel mit kaltem Wasser über seinen Körper goss. Der arme Boole machte dieser Folter erst mit seinem Tod ein Ende.

George Boole starb an Lungenentzündung.

Der talentierte Engländer Alan Turing (1912–1954), ein Modellathlet, Langstreckenläufer (er rannte zwischen seinen Lieblingsbibliotheken hin und her), ehemaliger Assistent von von Neumann und Schöpfer zahlreicher moderner Berechnungsmethoden, fand posthumen Ruhm in der Öffentlichkeit, weil er die intellektuelle Armee im Bletchley Park angeführt hatte, die die Entschlüsselung der „Enigma"-Maschine der Nazis vollbracht hatte, sodass die Alliierten die Schlacht am Atlantik gewinnen konnten. Das Problem war, dass Turing homosexuell war, was damals als sündhaft, abnormal und pervers galt und im besten Fall als Krankheit behandelt werden konnte. Als seine Vorgesetzten von seiner „Krankheit" erfuhren, akzeptierte er die Behandlung und litt in Folge an Depressionen, während derer er sich dem Studium neuer chemischer Substanzen widmete, die er rücksichtslos an sich selbst erprobte. Vielleicht war es ein unglücklicher Zufall oder vielleicht war er davon überzeugt, die endgültige Lösung für sein Problem sei nur im Tod zu finden. Tatsache ist, dass er in einen vergifteten Apfel biss und daran starb. Parallelen zu Schneewittchen, dem 1937 entstandenen klassischen Animationsfilm, sind nicht zu übersehen.

Schieferstatue von Alan Turing im National Museum of Computing in Bletchley Park.

Einen ebenso schrecklichen Tod hatte Kurt Gödel (1906–1978), dem wir die Unvollständigkeitstheorien verdanken, die das heutige Verständnis der Grundlagen der Mathematik verändert haben. Gödel war immer extravagant und etwas paranoid, was sich im Lauf der Zeit zunehmend verschlimmerte. In seinen letzten Jahren, schon geistig instabil, war er überzeugt, dass man ihn vergiften wollte (ein gängiger Glaube bei Menschen, die unter Verfolgungswahn leiden) und nahm nur das Essen zu sich, das ihm von seiner treuen Frau Adele zubereitet wurde. Leider wurde sie krank und musste ins Krankenhaus eingeliefert werden, sodass Gödel ohne Nahrung zurückblieb. Er magerte bis auf unglaubliche 30 kg ab und verhungerte schließlich.

Horoskope und Vorhersagen

Wir alle stehen in der Schuld des lutherischen Augustinermönchs Michael Stifel (1487–1567). Er erfand etwas sehr Ähnliches wie logarithmische Tabellen, völlig unabhängig von Napier. Sein Meisterwerk, *Arithmetica integra*, verwendete die Symbole +, - und √, weshalb es einen so wichtigen Platz in der Geschichte der algebraischen Notation einnimmt.

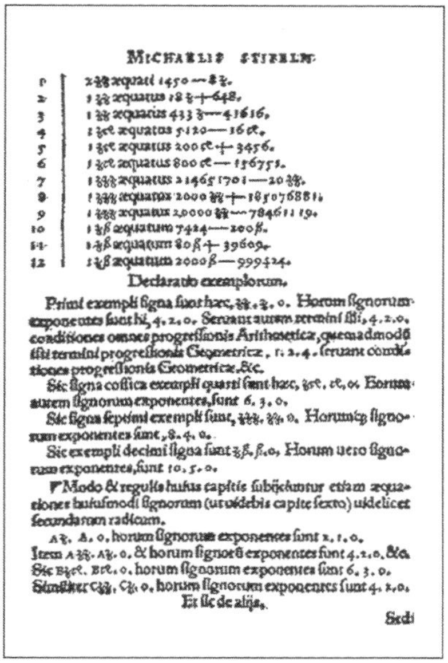
MICHAELIS STIFELII

Declaratio exemplorum.

Primi exempli signa sunt haec, ... Horum signorum exponentes sunt hi, 4. 2. 0. Servant autem termini isti, 4. 2. 0. conditiones omnes progressionis Arithmeticae, quemadmodum isti termini progressionis Geometricae, 1. 2. 4. servant conditiones progressionis Geometricae. &c.

Et sic de aliis.

Eine Seite aus Arithmetica integra, *auf der die Verwendung der Symbole + und – zu erkennen ist.*

Dies war jedoch nicht sein bekanntestes Werk und auch nicht der Beitrag, der uns hier beschäftigt. In *Ein Rechenbuchlin vom Endchristen. Apocalyps in Apocalypsim* erstellte Stifel ein Horoskop, das unter anderem das Ende der Welt an einem bestimmten Tag im Jahr 1533 vorhersagte. Das Datum rückte näher, wurde schließlich erreicht, aber die Welt ging nicht unter. Einige Schriftsteller erzählen von Stifels freiwilligem Aufenthalt in einem Gefängnis, in das er vor all denen geflohen war, die durchaus berechtigte Erklärungen von ihm forderten. In derselben Broschüre beschreibt Stifel ein geniales Zahlenspiel mit dem Namen des regierenden Papstes, Leo Decimus (Leo X.), und der Zahl des Teufels (666) aus der Johannesoffenbarung. Man darf verraten, dass dies dem Papst in Rom nicht besonders gefallen hat. Letztlich setzte Stifel seine erfolgreichen arithmetischen Studien fort und ließ die Finger von seinen verhängnisvollen Horoskopen.

Damals erfreuten sich Horoskope einer unwiderstehlichen Popularität und Anziehungskraft und auch Gerolamo Cardano (1501–1576) erlag einem ähnlichen Schicksal. Cardano hatte bereits einmal ein Horoskop für seinen Fürsten erstellt, Edward VI., der an Pocken erkrankt war. Er sagte voraus, dass er glücklich weiterleben würde, allerdings verstarb der König im folgenden Jahr an Tuberkulose. Im hohen Alter hat Cardano ein Horoskop für niemanden anderen als Jesus Christus selbst erstellt. Er muss ganz naiv gedacht haben, dass das in Ordnung sei, denn es war schließlich nicht das erste Horoskop, das für Christus geschrieben worden war. Die Kirche war entsetzt über Cardanos Werk und ließ ihn die volle Kraft des kirchlichen Zorns spüren. Obwohl Cardanos Leben verschont blieb, schrieb er nie wieder über etwas, was mit Jesus zu tun hatte, aber auch nicht über irgendjemanden anderen, weil ihm das Schreiben ganz verboten worden war. Trotz allem war jedoch sein Hunger nach Prophezeiungen nicht gestillt. Es wird gemunkelt (vielleicht zu Unrecht), dass er die Dinge noch weiter verkomplizierte, indem er sein eigenes Horoskop erstellte. Sein Leben endete tatsächlich an dem Tag, für den er dies vorhergesagt hatte, aber das lag daran, dass Cardano sich selbst umbrachte, als der von seinem Horoskop vorhergesagte Todestag gekommen war. Endlich wurde eine seiner Vorhersage wahr und Cardano war nicht blamiert.

Auch der bekannte Abraham de Moivre (1667–1754) hatte einen Ruf als prophetischer Mathematiker. Die Mathematik sieht ihn als Autor der folgenden Gleichheit komplexer Zahlen:

$$(\cos\alpha + i\sin\alpha)^n = \cos n\alpha + i\sin n\alpha.$$

Die Legende schreibt ihm auch die folgende Begebenheit zu: Im Alter stellte de Moivre fest, dass sein Schlaf immer tiefer wurde und dass er jeden Tag eine Viertelstunde länger schlief als am vorhergehenden. Für einen Mathematiker wie ihn war es ein Leichtes, das Datum seines Todes – oder man könnte sagen, seines ewigen Schlafes zu berechnen. An einem vorbestimmten Datum würde de Moivre 24 Stunden am Tag schlafen und nie mehr aufwachen. Am 27. November 1754 war es soweit und de Moivres Vorhersage erfüllte sich!

Auch dem Vater der Infinitesimalrechnung, dem großen Isaak Newton (1642–1727), waren die Reize der Prophezeiungen nicht fremd. Obwohl es zu seiner Zeit bereits verpönt war, Ketzer zu verbrennen und zu foltern, ist es Tatsache, dass der große Mann heimlich in Sünde lebte. Er war ein monophysitischer Ketzer, oder, wenn man es so sagen will, ein arianischer Ketzer, jemand, der die göttliche Natur Jesu Christi nicht akzeptierte. Unseren modernen Ansichten zufolge mögen solche Dinge Lappalien sein, aber in Zeiten, in denen das christliche Dogma universell galt, war es undenkbar und strafbar, ein Ketzer zu sein.

Tatsache ist, dass er im Rahmen seiner religiösen Forschung, die der ketzerische Newton selbst für sehr wichtig hielt, viel Zeit damit verbrachte, das Datum des Endes der Welt vorherzusagen und Bibelstellen wörtlich zu interpretieren. Wenn Sie sich davon überzeugen möchten, sollten Sie die Hebräische Universität Jerusalem besuchen, wo die Originalmanuskripte aufbewahrt werden. Für seine Berechnungen konzentrierte sich Newton hauptsächlich auf Abschnitte des Buches Daniel und dort insbesondere auf Kapitel 7.

Seine Prognose lautete, dass das Ende der Welt 1260 Jahre nach der Neugründung des Heiligen Römischen Reiches läge, ein Ereignis, das, wie wir wissen, im Jahr 800 von Karl dem Großen eingeleitet wurde. Dieser Berechnung nach fällt das Ende der Welt ins Jahr 2060. Das bedeutet nicht unbedingt, dass wir im Jahr 2060 Opfer irgendwelcher Unglücke werden, denn es ist möglich, dass das Ende der Welt tatsächlich gutartig ist und aus dem zweiten Erscheinen Jesu besteht, der eine Art globales irdisches Paradies errichten wird. Das ist zwar nicht sehr wahrscheinlich, wenn man bedenkt, wie die Dinge laufen, aber wenn Newton es vorhergesagt hat …

Gleichzeitige Entdeckungen

Wenn sich viele Köpfe mit derselben Aufgabe beschäftigen, besteht die gerechtfertigte Wahrscheinlichkeit, dass mehrere von ihnen gleichzeitig zu einer Lösung gelangen. Das Problem ist, dass die beteiligten Denker, nicht selten echte Primadonnen, dies überhaupt nicht mögen. In der, sagen wir, heroischen Zeit der Mathematik gab es praktisch keine monographischen Zeitschriften oder periodischen Veröffentlichungen. Nachrichten wurden in Briefen übermittelt und wie ein Ölfleck, der sich langsam ausbreitet, von einer Person zur nächsten weitergegeben. Es dauerte lange, bis bekannt wurde, dass womöglich der Bewohner eines fernen Landes zu dem richtigen Schluss für ein bestimmtes Problem gekommen war. Zu den bekanntesten Zufällen gehören die folgenden:

- Dezimalbrüche wurden fast gleichzeitig vom Deutschen Bartholomäus Pitiscus (1561–1613) in den Jahren 1608–1612, von Kepler im Jahre 1616 und von Napier in der Zeitspanne 1616/1617 verwendet.
- Logarithmen, die zur damaligen Zeit als wahre Rechen-Wunderwerkzeuge galten, werden Napier zugeschrieben (1614), wurden aber tatsächlich auch 1620 von dem Schweizer Jost Bürgi (1552–1632) eingeführt.
- Das in Physik, Astronomie, Elektromagnetismus usw. grundlegende Gesetz der inversen Quadrate wurde unabhängig von Kollegen entdeckt, die sich glücklicherweise gut verstanden: Newton bewies es 1666, Edmond

Halley 1684. Die Zeitlücke ist auf eine von Newtons viele Marotten zurückzuführen: Er neigte dazu, seine Ergebnisse nicht zu veröffentlichen. Erst auf Halleys Einwirken schrieb er seine *Philosophiæ Naturalis Principia Mathematica.* Andere Denker, wie Robert Hooke (1635–1703), könnten neben Halley ebenfalls auf der Liste der Entdecker dieses Gesetzes auftauchen.

– Der vielleicht berühmteste Zufall ist das Aufkommen der Infinitesimalrechnung, die eine heftige Kontroverse auslöste, begleitet von verständlichen, aber ungerechtfertigten patriotischen Tönen. Die Geschichte sorgte später dafür, dass der Verdienst zu gleichen Teilen dem Engländer Newton und dem Deutschen Leibniz zugeschrieben wurde, was beiden eine gemeinsame und unabhängige Entdeckung bescheinigte.
– Das Prinzip der kleinsten Quadrate wurde fast gleichzeitig von Legendre (1806) und Gauß (1809) entdeckt.
– Die nicht-euklidische Geometrie ist ein wesentlicher Bestandteil unseres Kulturerbes. Sie wurde bewiesen durch Beiträge von Gauß (1829), der seine Ergebnisse versteckt in einer Kiste geheim hielt, dem Ungarn János Bolyai (1802-1860) in der Zeit von 1826 - 1833 sowie dem Russen Nikolai Lobachevsky (1792-1856), der 1836-1840 eine hyperbolische Geometrie entwickelte.
- Die Theorie der Dualität der projektiven Geometrie wurde von Jean-Victor Poncelet (1788–1867) und Joseph Gergonne (1771–1859) aufgestellt, von beiden übrigens im Jahre 1838.
– Vektoren, die allgemein Hermann Grassmann (1809–1877) zugeschrieben werden, wurden im selben Jahr, 1843, auch von William Rowan Hamilton (1805–1865) beschrieben.
– Im Jahre 1846 wurde in unserem Sonnensystem ein neuer Planet entdeckt, Neptun. Die Entdeckung war praktisch gleichzeitiger Verdienst des Engländers Adams und des Franzosen Le Verrier. Der englische Astronom Royal George Biddell Airy (1801–1892), der bereits eine andere Streitigkeit verursacht hatte, diskreditierte Adams völlig, aber die Fakten gaben diesem die Anerkennung, die er letztendlich verdiente. Der Vorfall ließ die schlimmsten Rivalitäten zwischen Großbritannien und dem Kontinent wieder aufleben und unsere angeblichen Intellektuellen kommen bei dem unparteiischen Urteil der Geschichte nicht wirklich gut weg. Neptun wurde 1846 entdeckt, aber die Person, die ihn zuerst fand, auf

Papier und basierend auf Berechnungen, war Adams. Aber diese Leistung nimmt Le Verrier nichts weg.

- Der Satz der Primzahlen wurde von Gauß formuliert, aber er hat ihn nie bewiesen. Dies ist nicht verwunderlich, denn der Beweis war alles andere als einfach. Erst 1896 kamen der Franzose Jacques Hadamard (1865–1963) und der Belgier Charles de la Vallée Poussin (1866–1962) auf Beweisführungen, jeweils unabhängig voneinander.
- Der Italiener Ennio de Giorgi (1928–1996) und der US-Nobelpreisträger John Nash (1928–2015) lösten 1956 das 19. Hilbert-Problem fast gleichzeitig. Das Ereignis wirkte sich äußerst negativ auf Nashs Geisteskrankheit aus, da De Giorgis Beweis eindeutig der erste war, obwohl nur wenige Monate dazwischenlagen.

Das Offensichtliche, was nicht so offensichtlich ist

Niemand hat je genau definiert, was offensichtlich oder trivial ist; zumindest was für einen professionellen Mathematiker offensichtlich ist. Generell bedeutet „Das ist offensichtlich" so viel wie „Das ist für mich offensichtlich", was nicht genau dasselbe ist. Studenten in Princeton machten sich häufig einen Spaß daraus. Sie erklärten, wenn Alonzo Church (1903–1995) sagte, dass etwas offensichtlich sei, es so offensichtlich war, dass jeder es bemerkt habe; wenn es Salomon Lefschetz (1884–1972) sagte, war es definitiv falsch, und wenn es Hermann Weyl (1885–1955) sagte, musste man von Neumann sein, um es zu beweisen. In gewisser Weise definiert dies das Genie von von Neumann, von dem Peter Lax (geb. 1926), ebenfalls ein Abel-Preisträger, sagte: „Die meisten Mathematiker beweisen, was sie können, während von Neumann beweist, was er will."

Man erzählt sich, von Neumann stand eines Tages vor der Tafel und eine Person im Publikum hob die Hand, um zu fragen: „Herr von Neumann, könnte das auch auf andere Weise demonstriert werden?" Er senkte die Arme, schaute auf die Tafel, dachte für ein paar Sekunden nach, wandte sich an seine Zuhörerschaft und sagte: „Ja". Und dann fuhr er fort mit seiner Vorlesung.

Eine ähnliche Geschichte wird Godfrey Harold Hardy (1877–1947) zugeschrieben, der offenbar die schicksalhaften Worte „Das ist offensichtlich" ausgesprochen und sofort erkannt hatte, dass es nicht der Fall war. Er starrte eine Weile auf die Tafel, drehte sich um und verließ leise die Vorlesung, was von seinen Studenten mit einem Raunen der Überraschung aufgenommen wurde. Fünf Minuten später kam zurück. „In der Tat, es ist trivial", waren seine ersten Worte. Er wandte sich wieder an die Tafel und fuhr mit der Vorlesung fort.

Andere schreiben die Anekdote Hilbert zu. Manchmal ist Offensichtlichkeit gerechtfertigt. Beispielsweise veröffentlichte Alexander Grothendieck (1928–2014), Enfant terrible der französischen Mathematik und ein wirklich privilegierter Geist, 1969 einen Artikel mit dem Titel *Die allgemeine Vermutung von Hodge ist aus trivialen Gründen falsch*. Und es war wahr, Hodges Vermutung war schlecht konzipiert und musste neu formuliert werden. Und da sie noch bewiesen werden muss, besteht wenig Hoffnung, dass sie zumindest in den nächsten 100 Jahren bewiesen wird. Die aktuelle Formulierung der Vermutung ist eines der sieben Millenniumsprobleme, die von der Clay Foundation ausgeschrieben sind (und die übrigens 1.000.000.000 Dollar für ihre Lösung anbietet).

Die Ig-Nobelpreise

Die Ig-Nobelpreise, wie bereits aus dem Namen ersichtlich, sind eine scherzhafte Nachahmung der Nobelpreise („ignoble" = „unehrenhaft") und werden jedes Jahr vergeben. Die Preise werden nicht von einer Akademie oder einer angesehenen Stiftung, sondern von einer eher informellen Zeitschrift namens *The Annals of Improbable Research* verliehen, die weltweit veröffentlichte Forschungsartikel daraufhin überprüft, welche von ihnen sich durch die Absurdität ihres Themas, ihren skandalösen Titel oder ihren scheinbar grotesken Zweck auszeichnen. Und wir sagen „scheinbar", weil es sich um sehr ernste Artikel handeln kann, die wissenschaftliche Informationen enthalten, die aus gutem Grund erforscht werden, so bizarr sie auch erscheinen mögen. Die Ig-Nobelpreise werden jedes Jahr in einer Zeremonie vergeben, an der in der Regel viele echte Nobelpreisträger teilnehmen und zu der die Preisträger eingeladen sind (und in der Regel auch teilnehmen). Ein oder zwei Gewinner haben sich aus der wissenschaftlichen Welt verabschiedet, um der Auszeichnung zu entkommen, aber sie sind in der Minderheit.

Übrigens gibt es mindestens einen Nobelpreisträger, der auch einen Ig-Nobelpreis gewonnen hat: der russisch-niederländische André Geim (geb. 1958) erhielt den Nobelpreis für die Erfindung des Graphen und den Ig-Nobelpreis für eine Studie über das Schweben von Fröschen, die einer Supraleitung ausgesetzt werden.

Ein Beispiel ersetzt jedoch mehr als 1000 Worte, deshalb beschreiben wir hier ein paar Preise im Bereich der Mathematik:

- Im Jahr 1993 errrang Robert Faid (USA) den Preis für einen Artikel über mathematische Statistik mit dem Titel *Gorbatschow! Ist der wahre Antichrist gekommen?* In dem Werk wurde die Wahrscheinlichkeit, dass Gorbatschow tatsächlich der Antichrist ist, geschätzt auf:

$$\frac{1}{710\,609\,175\,188\,282\,000}.$$

- Im Jahr 1994 wurde er an die *Southern Baptist Church of Alabama* vergeben, weil diese die Anzahl der Bürger geschätzt hat, die zur Hölle fahren würden, wenn sie nicht sofort Buße täten, und zwar mit Zahlen, die für für jeden einzelnen Bundesstaat der USA gelistet waren..
- Im Jahr 2000 erhielt Chris Niswander (USA) im Bereich Informatik die Auszeichnung für die Erfindung der Software PawSense, die erkennt, wenn eine Katze auf eine PC-Tastatur tritt.
- Im Jahr 2002 ging der Preis an die Inder K.P. Sreekumar und G. Nirmala für ihre brillante Studie *Schätzung der Gesamtoberfläche indischer Elefanten* (Elephas maximus indicus), eine unverzichtbare Berechnung für nicht genauer erklärte Zwecke.
- Im Jahr 2006 wurde ein Preis an die Australier Nic Svenson und Piers Barnes vergeben, die die minimale Anzahl von Aufnahmen berechneten, mit der sichergestellt werden kann, dass niemand in der Gruppe die Augen auf einem Foto geschlossen hat. Der Artikel trug den Titel *Blinzelfreie Fotos, garantiert.*
- Im Jahr 2007 ging der Preis für Physik an L. Mahadevan (USA) und Enrique Cerda Villablanca (Chile) für den Artikel *Geometrie und Physik von Falten*, der über das häufige Phänomen von zerknittertem Papier spekulierte, ein Alptraum, zum Beispiel wenn man arbeiten muss und kleine Kinder im Haus hat.
- Im Jahr 2009 ging eine Auszeichnung an Gideon Gono, den Gouverneur der Reserve Bank of Zimbabwe, ein eher weniger angesehenes Institut. Dieser veröffentlichte eine Bekanntmachung, um die Kunden und Nutzer zu unterstützen und aufzuklären. Diese Bekanntmachung erläuterte die Bezeichnungen der von der Bank ausgegebenen Banknoten. Sie reichten von 0,1 bis 1.000.000.000.000.000 Dollar. Es scheint, dass es im Land von Robert Mugabe eine extrem hohe Inflation gibt, somit eine Verwechslungsgefahr hoher Beträge betsteht. Angenommen, Sie stehen

auf dem Markt und forden vom Verkäufer: „Gib mir bitte für 1.000.000.000.000.000 Dollar Maismehl". Stellen Sie sich nur die Lebensmittelkrise vor, die entstehen könnte, wenn der Verkäufer versteht: „Gib mir bitte für 100.000.000.000 Dollar Maismehl." Drei Nullen weniger. Dass ein einfacher arithmetisch-linguistischer Fehler den Tod durch Verhungern verursachen kann, muss einfach mit einem Preis ausgezeichnet werden.

Mathematiker gehören ins Gefängnis

Okay, nicht alle, aber einige von ihnen haben es verdient. Wir sprechen über Fälle, in denen die Inhaftierung eindeutig auf Umstände zurückzuführen war, die nichts mit der Mathematik zu tun haben. Bertrand Russell zum Beispiel wurde während des Ersten Weltkriegs wegen Pazifismus ins Gefängnis gesteckt; Casanova schmachtete aus politischen Gründen in mehreren Kerkern; der amerikanische Mathematiker Ted Kaczynski (geb. 1942), besser bekannt als der *Unabomber*, wurde seiner terroristischen Aktivitäten wegen inhaftiert. Hier einige weitere, verzwicktere Fälle:

- Der französische Mathematiker André Weil (1906–1998) ist fast besser bekannt als jüngerer Bruder der Philosophin Simone Weil und nicht als einer der wichtigsten Wissenschaftler des 20. Jahrhunderts. Simone übrigens hegte lange Zeit einen Komplex im Hinblick auf die intellektuellen Gaben ihres Bruders. Es ist auch kaum bekannt, dass er lange Zeit im Gefängnis war: André, einer der Gründer von Bourbaki, war 1939 in Finnland, um offiziell einige Kollegen seines Berufsstandes zu besuchen, aber eigentlich, um die Einberufung in seiner Heimat zu umgehen. Im Zweiten Weltkrieg war die Einberufungspraxis besonders seltsam, da die Kriterien der Nützlichkeit nicht berücksichtigt wurden, weil sie als undemokratisch galten. Das führte zu der absurden Situation, dass großartige akademische Köpfe als einfaches Kanonenfutter verheizt wurden, auch wenn diese beispielsweise Kryptographie und Magnetismus erforschten, was die Kriegsführung hätte positiv unterstützen können. Außerdem war Weil ein Pazifist, aber das ist hier irrelevant. Weil spazierte an einem sonnigen Tag allein durch Finnland, das wenige Tage zuvor mit seinem Nachbarn Russland den Krieg begonnen hatte. Aus Neugier heraus vertrieb sich Weil die Zeit damit, die Geheimnisse der finnischen Waffen zu untersuchen. Sie haben es geahnt. Er wurde für einen ausländischen Spion gehalten. Zur absoluten Krönung fand man in seinem Gepäck Unterlagen von russischen Kollegen, die auf einen mysteriösen Mann namens Bourbaki anspielten. Weil argumentierte vor seinen finnischen Vernehmern vergeblich, dass er Mathematiker sei und dass er ihren Landsmann Rolf Nevanlinna (1895–1980) kenne. Kurz, er galt als Spion und seine Hinrichtung wurde für den nächsten Tag festgelegt. In dieser Nacht traf der Polizeichef zufällig bei einem Empfang auf Nevanlinna, der übrigens ein Oberst der Reserve war. Nevanlinna war entsetzt, als er hörte, wie die Polizei mit einem Herrn Weil umgegangen war, begleitet von Sätzen wie „Und die absolute Höhe ist, dass dieser widerwärtige Spion behauptet, Sie zu kennen!" Weil wurde auf Intervention von Nevanlinna entlassen und erreichte kurz darauf sicher die Grenze zu Schweden.

Aber die Geschichte geht noch weiter: Weil kam nach England und wurde *ipso facto* erneut inhaftiert, weil er versucht hatte, seinen Wehrdienst in Frankreich zu umgehen – der Zweite Weltkrieg tobte nun in totaler Ausprägung. Er wurde in seine Heimat geschickt, wieder ins Gefängnis gesteckt und zu seinem Ungemach (er war eigentlich glücklich, in der Einsamkeit seiner Zelle arbeiten zu dürfen) wurde er wieder eingezogen und an die Front geschickt. Die französischen Richter hatten ihm (aus Sicht des Gerichts) Gnade erwiesen.

- Der Norweger Sophus Lie (1842–1899), Vater der Lie-Gruppe, war ein etwas eigentümlicher Charakter mit einer bizarren Lebensweise. Nachdem er seine Berufung als Mathematiker erfüllt hatte, indem er ein Problem gelöst hatte, informierte er seinen Freund Motzfeld, indem er diesen mitten in der Nacht weckte und rief: „Ich habe es gefunden! Und es ist ganz einfach!" Auch Lie wurde auch für einen Spion gehalten, allerdings von den Franzosen im französisch-preußischen Krieg 1870/1871. Es war nicht einfach, seine Haut zu retten, da die Umstände der Gefangennahme äußerst kompliziert waren: Er überschritt nämlich die Festungsanlagen von Fontainebleau, wobei es ihm in den Sinn kam, Notizen über die Landschaft anzulegen. Diese mathematischen Notizen wurden als komplizierte Geheimcodes interpretiert. Sein Kollege Gaston Darboux (1842–1917) musste eingreifen, um Lie aus dem Gefängnis zu befreien und, wie wir annehmen, vor einem noch schlimmeren Schicksal zu retten, da Frankreich gerade den blutigen Krieg verloren hatte und die Gefühle hochkochten.
- Der seltsamste Fall der Inhaftierung eines Mathematikers ist vielleicht der des Franzosen André Bloch (1893–1948), der seinen Namen einem Funktionsraum (Bloch-Raum) und einem Theorem (Bloch-Satz) verlieh. Er

war sicherlich intelligent, denn neben seinen wissenschaftlichen Beiträgen verbarg er erfolgreich seine jüdische Herkunft vor den Nazis und veröffentlichte weiterhin Artikel unter Pseudonymen. Eine ziemliche Leistung, wenn man bedenkt, dass Bloch den größten Teil seines Lebens in einer Nervenheilanstalt verbracht hat. Bloch war ein Doppelkandidat für den Holocaust, sowohl jüdisch als auch psychisch krank. Er kämpfte im Ersten Weltkrieg als Artillerieoffizier und tötete 1917 seinen Bruder vor Zeugen und erklärte bei der Vernehmung, dass er dies ausschließlich aus eugenischen Gründen getan habe, da sein Bruder als Träger potenzieller psychischer Erkrankungen nicht mehr hätte leben dürfen. Bloch wurde selbst für psychisch krank erklärt, und aus der Stille der Anstalt heraus verbrachte er 31 Jahre damit, ausgezeichnete Artikel zu schreiben und mit erstklassigen Mathematikern wie Élie Cartan und Jacques Hadamard zu korrespondieren. Er konnte seiner Einsamkeit nie entfliehen.

Ein Problem, das eine Gans wert ist

Dass eine Gans in den offiziellen Nachrichten Erwähnung findet, ist allein schon bemerkenswert. Aber die Überreichung einer lebenden Gans als Preis für die Lösung eines mathematischen Problems, die dann im Fernsehen übertragen wird, ist noch ungewöhnlicher – und genau das passierte 1972 in Polen. Werfen wir einen Blick auf die Details.

Die so genannte „Polnische Schule für Mathematik" genießt verdienten Ruhm und besitzt auch ohne die illustren Höhen ihrer Musik (Chopin, Rubinstein, Penderecki usw.) ein immenses internationales Ansehen. Kuratowski, Tarski, Sierpinski und Banach sind berühmte Namen in der Welt der Mathematik, alle Hochschulmathematiker sind mit ihnen vertraut.

In den 1930er Jahren, kurz vor dem großen Sturm des Zweiten Weltkriegs, trafen sich polnische Mathematiker (und einige Besucher) in der Stadt Lemberg (heute in der Ukraine) nachmittags im Schottischen Café, um über Themen von Interesse für sie zu diskutieren, vor allem, um sich gegenseitig mathematische Probleme vorzuschlagen. Einige wurden gelöst, andere nicht. Gelegentlich lobte man einen Preis für die Lösung aus, nicht selten eine Flasche Alkohol, und für besondere Anlässe wählte man einen Gegenstand mit höherem Wert. Wie ein leckeres Festmahl oder eine fette und appetitliche, lebende Gans.

Die vorgeschlagenen Probleme wurden gewissenhaft in einem Notizbuch festgehalten, das zum berühmten *Schottischen Buch* werden sollte. Es stand allen zur Verfügung und wurde vom Oberkellner aufbewahrt. Der Mann hat wohl kaum geahnt, dass er einige der genialsten Fragen, die sich der menschliche Geist ausmalen konnte, in seinen Händen hielt.

Unter den 37 Unterzeichnern der 153 Probleme im Buch befanden sich einige der wichtigsten Köpfe der Zeit, darunter Stefan Banach (1892–1945), Stanisław Ulam (1909–1984), Kazimierz Kuratowski (1896–1980), Mark Kac (1914–1984), Wacław Sierpinski (1882–1969), Hugo Steinhaus (1887–1972), Samuel Eilenberg (1913–1998), John von Neumann, Maurice Fréchet (1878–1973), Alexandr Alexandrov (1912–1999) und viele andere. Einige von ihnen wurden später von Russen oder Nazis hingerichtet oder ermordet (mit bemerkenswerter Unparteilichkeit). Ein berühmtes Problem wurde von Stanisław Mazur (1905–1981) eingereicht und 1972 von Per Enflo (geb. 1944) gelöst. Es war ein schwieriges Thema und der Preis der Lösung war eine lebende Gans; die Preisverleihung wurde im ganzen Land übertragen.

Es ist nicht bekannt, ob die Motivation der kommunistischen Regierung war, die Moral des Volkes durch die Verherrlichung der Mathematik oder den Mangel an Nachrichten zu fördern, was typisch für den Alltag im sowjetischen Paradies war. Heute ist der Inhalt des Schottischen Buchs online verfügbar, auch übersetzt ins Englische. Und es enthält noch einige offene Fragen!

Literaturverzeichnis

ALEXANDER, A., *Duel at Dawn: Heroes, Martyrs, and the Rise of Modern Mathematics*, Cambridge, Harvard University Press, 2011.

BELL, E.T., *Men of Mathematics*, London, Penguin Books, 1953.

EVES, H., *In Mathematical Circles*, Washington, The Mathematical Association of America, 2002.

HERSH, R., JOHN-STEINER, V., *Loving and Hating Mathematics: Challenging the Myths of Mathematical Life*, Princeton University Press, 2010.

KRANTZ, S.G., *Mathematical Apocrypha*, Washington, The Mathematical Association of America, 2002.

PAPPAS, T., *Mathematical Scandals*, San Carlos (California), Wide World Publishing/ Tetra, 1997.

PETERSON, I., *Mathematical Treks*, Washington, The Mathematical Association of America, 2002.

WELLS, D., *The Penguin Dictionary of Curious and Interesting Geometry*, London, Penguin Books, 1991.

Register

Aaron, Hank 30
Abel, Niels 101, 112, 129, 130
ADA 67
Adams, John Couch 55, 56, 140
Airy, George Biddell 140
Alexandrov, Alexander 147
Ampère, André-Marie 100
Arago, François 56, 126
Archimedes von Syrakus 90-92, 133
Arrow, Kenneth 85
Atiyah, Michael 112

Babbage, Charles 66, 70, 71
Bakuba 40
Banach, Stefan 52, 146, 147
Barlotti, Adriano 40
Barnes, Piers 143
Berkeley, George 47
Bernoulli, Familie 50, 51, 52
Bethe, Hans 121
Blair, Tony 43, 44
Bloch, André 145-146
Boas, Ralph 119
Bohr, Harald 27
Bohr, Niels 11, 27
Boltzmann, Ludwig 20, 21
Bolyai, János 140
Bonaparte, Napoleon 38-40, 99-100
Boole, George 135
Borges, Jorge Luis 65, 131
Bouguer, Pierre 95
Bourbaki, Nicolas 118-120, 128, 144, 145
Bradbury, Ray 83
Brahe, Tycho 48, 59, 60
Brin, Sergey 24
Brown, Dan 126
Bürgi, Jost 139
Byron, Ada Augusta 66, 67
Byron, Lord 66

Cantor, Georg 76
Cardano, Gerolamo 137, 138
Carleson, Lennart 112
Carroll, Lewis 109, 110
Cartan, Henri 118
Casanova, Giacomo 98, 99, 104
Cauchy, Augustin Louis 22
Cayley, Arthur 86, 104, 110
Cerda Villablanca, Enrique 143
Charles II. 63
Chasles, Michael 104
Chevalley, Claude 118
Church, Alonzo 141
Clarke, Arthur 82
Clay Foundation 142
Cole, Franck Nelson 23, 24
Condorcet, Nicolas de 134
Connes, Alain 119
Coxeter, H.S.M. 38

Dantzig, George 78-79
Darboux, Gaston 145
Darwin, Charles 68, , 89, 104, 107
Dedekind, Richard 30, 76
Deep Blue 86, 87
Deligne, Pierre 43, 112
Derrida, Jacques 78
Descartes, René 16
Dickens, Charles 65

Diderot, Denis 96-98
Dieudonné, Jean 118, 119
Dirac, Paul 116, 117
Dirichlet, Peter 20
Dodgson, Charles 109
Dostojewski, Fedor 65, 107
Dyson, Freeman 76

Eddington, Arthur 117, 118
Edison, Thomas Alva 56
Eilenberg, Samuel 119, 147
Einstein, Albert 11, 72, 95, 114, 117, 118, 122, 123, 127, 130
Enflo, Per 147
ENIAC 79, 80, 120
Eratosthenes von Cyrene 133
Erdös, Paul 29-30, 95, 98, 109, 115, 124
Euklid 15-16, 36, 39, 41, 89, 94, 96
Euler, Leonhard 96-98, 105, 133, 134

Faid, Robert 143
Fermat, Pierre de 27, 52
Fermi, Enrico 95
Feynman, Richard 25, 26
Fourier, Joseph 39, 94, 134, 135
Fréchet, Maurice 147
Friedrich II. 106, 130

Galilei, Galileo 61
Galois, Évariste 135
Galton, Francis 68-70
Gamow, George 116
Gardner, Martin 42
Garfield, James 43
Gauß, Carl Friedrich 17, 18, 20, 37, 100, 101, 135, 140, 141
Geim, André 142
Gergonne, Joseph 140
Giorgi, Ennio de 141
Gödel, Kurt 120, 123, 136
Godément, Roger 119
Gono, Gideon 143
Göring, Hermann 130
Grassmann, Hermann 140
Graunt, John 63
Green, George 52, 53
Grimaldi, Carlo-Filippo 16
Grothendieck, Alexander 43, 119, 120, 142
Gromov, Michail 112

Hadamard, Jacques 141, 146
Halley, Edmund 47-50, 139, 140
Halmos, Paul 80, 81
Hamilton, William Rowan 74, 75, 140
Hardy, Godfried H. 9, 24-27, 29, 95, 111, 141
Hassler, Ferdinand 103
Hawking, Stephen 127-128
Heiberg, J.L. 91
Hermes, Johann 37
Herschell, William 110
Hilbert, David 27, 28, 34, 114-115, 141, 142
Hippasos von Metapontum 12
Honeywell Bull 67
Hooke, Robert 49, 140
Hurewicz, Witold 115

Ig-Nobelpreise 142

Jacobi, Carl Gustav 95, 133
Jeans, James 76

Kac, Mark 30, 58, 144, 147
Kaczynski, Ted 144
Kasner, Edward 24
Kasparov, Garry 86, 87
Kelvin, Lord 110-111
Kepler, Johannes 48, 50, 59, 61-63, 139
Kershner, R.B. 42
Keynes, John Maynard 69, 111, 115, 116
Klein, Oskar 116
Kleinsche Flasche 45
Kolmogorov, Andrey 120
Kovalevskaya, Sofia 107
Kummer, Ernst 18-20
Kuratowski, Kazimierz 146, 147

Lamé, Gabriel 18
Landry, Fortuné 37
Lang, Serge 119
Laplace, Pierre Simon de 39, 53, 99
Lasker, Emanuel 85
Lax, Peter 112, 141
Lefschetz, Solomon 141
Legendre, Adrien-Marie 140
Le Gentil de la Galaisière, Guillaume 63
Leibniz, Gottfried W. 16, 48, 52, 56, 140
Leo X. 137
Leray, Jean 128
Le Verrier, Urbain de 55, 56, 140, 141
Lie, Sophus 145
Liouville, Joseph 18
Littlewood, John Edensor 110
Lobachevsky, Nicolai 101, 102, 103, 140
Lorenz, Edward 82, 83
Luminet, Jean-Pierre 62, 63
l'Hôpital, Marquis de 50, 51

Malthus, Thomas 111
Mascheroni, Lorenzo 39
Maxwell, James Clerk 111
Mazur, Stanislaw 147
Mersenne-Primzahl 23, 24
Milnor, John 112
Minkowski, Hermann 72
Mittag-Leffler, Gösta 107, 112-113
Möbiusband 45
Moivre, Abraham de 138
Monge, Gaspard 38, 39
Morgenstern, Oskar 122, 123

Navier-Stokes, Gleichungen von 128
Nevanlinna, Rolf 145
Newton, Isaac 21, 48-49, 56, 95, 138, 139, 140
Neyman, Jerzy 79
Nievergelt, Yves 85
Nightingale, Florence 67, 68
Nirmala, G. 143
Nishina, Yoshio 116
Niswander, Chris 143
Nobel, Alfred 112-113
Noether, Emmy 113, 114

Ostrogradski, Michail 52, 108
Oughtred, William 77

Page, Larry 24
Palamedes 11
Pascal, Blaise 35, 36, 94, 104
Paulos, John Allen 125
Petrus, Simon 13
Pepys, Samuel 92
Pitiscus, Bartholomeus 139
Planck, Max 115
Plateau, Joseph 53, 55
Platon 11, 62
Plutarch 133
Poincaré, Henri 63, 72-73
Polignac, Alphonse de 22, 23
Pomerance, Carl 30
Pólya, George 27, 121
Poncelet, Jean-Victor 140

Queneau, Raymond 81
Quine, Willard van Orman 78

Ramanujan, Srivinasa 25-27, 52
RAND Corporation 80
Rice, Marjorie 42
Riemann-Hypothese 9, 26, 27, 114, 115
Roberval, Gilles de 36, 134
Robespierre, 134
Russell, Bertrand 21, 28, 29, 111, 116, 144
Rutherford, W. 40

Satz
- Fermat 18, 19, 27
- Pythagoras 12, 44

Schwartz, Laurent 119, 128, 129-131
Serre, Jean-Pierre 112, 119
Shor, Peter 95
Sierpinski, Waclaw 146, 147
Singer, Isadore 112
Smith-Zahlen 31, 32
Sokrates 11, 20
Solschenizyn, Alexander 65
Sreekumar, K.P. 143
Steinhaus, Hugo 147
Stifel, Michael 137
Svenson, Nic 143
Swift, Jonathan 94
Sylvester, James Joseph 9, 67, 72, 104

Tamm, Igor 57
Tate, John 112, 119
Taylor-Reihen 26, 57
Tennyson, Alfred 70
Thales von Milet 89, 90
Thompson, John 112
Thomson, J.J. 111
Thomson, William 110, 111
Tits, Jacques 112, 129, 130
Torres Quevedo, Leonardo 36
Torricelli, Evangelista 36, 134
Treviso-Arithmetik 15, 16
Turing, Alain 9, 136

Ulam, Stanislaw 147

Valera, Éamon de 43, 74-75
Vallée Poussin, Charles de la 141
Varadhan, Srinivasa 112
Veblen, Oswald 76
Vermutung
- Goldbach 22, 33, 34
- Hodge 142

Victoria, Königin 67, 110
von Kempelen, Wolfgang 86
von Neumann, John 32, 33, 79-81, 120-122, 136, 141, 147

Wallis, John 48
Weierstraß, Karl 105-107
Weil, André 118, 144, 145
Weil, Simone 144
Weyl, Hermann 141
Whitehead, Alfred North 21
Wiener, Norbert 95, 122
Wilansky, Albert 31
Wiles, Andrew 130
Wilson, John 101
Witten, Edward 95
Wren, Chistopher 49

Yoccoz, Jean-Christophe 119